荆楚歌乐舞

杨匡民 李幼平 著

荆楚文库编纂出版委员会
湖北教育出版社

荆楚歌乐舞

JINGCHU GEYUEWU

图书在版编目 (CIP) 数据

荆楚歌乐舞 / 杨匡民 李幼平著.
—武汉 : 湖北教育出版社, 2018.1
ISBN 978-7-5564-1289-1
Ⅰ. ①荆…
Ⅱ. ①杨… ②李…
Ⅲ. ①艺术史—研究—中国—楚国（？—前 223）
Ⅳ. ① TV-092
中国版本图书馆 CIP 数据核字 (2017) 第 312816号

责任编辑：涂　俊　邓珍珍
整体设计：范汉成　曾显惠　思　蒙
美术编辑：牛　红　张岑玥
责任校对：刘慧芳
责任督印：李　枫　张遇春
出版发行：湖北教育出版社（中国・武汉）
武汉市雄楚大街268号 邮政编码：430070
录　　排：武汉谦谦音乐工作室
印　　刷：湖北新华印务有限公司
开　　本：720mm×1000mm　1/16
印　　张：23.25　插页：7
字　　数：317千字
版　　次：2018年1月第1版　2018年1月第1次印刷
定　　价：92.00元

ISBN 978-7-5564-1289-1

出版说明

湖北乃九省通衢，北学南学交会融通之地，文明昌盛，历代文献丰厚。守望传统，编纂荆楚文献，湖北渊源有自。清同治年间设立官书局，以整理乡邦文献为旨趣。光绪年间张之洞督鄂后，以崇文书局推进典籍集成，湖北乡贤身体力行之，编纂《湖北文征》，集元明清三代湖北先哲遗作，收两千七百余作者文八千余篇，洋洋六百万言。卢氏兄弟辑录湖北先贤之作而成《湖北先正遗书》。至当代，武汉多所大学、图书馆在乡邦典籍整理方面亦多所用力。为传承和弘扬优秀传统文化，湖北省委、省政府决定编纂大型历史文献丛书《荆楚文库》。

《荆楚文库》以“抢救、保护、整理、出版”湖北文献为宗旨，分三编集藏。

甲、文献编。收录历代鄂籍人士著述，长期寓居湖北人士著述，省外人士探究湖北著述。包括传世文献、出土文献和民间文献。

乙、方志编。收录历代省志、府县志等。

丙、研究编。收录今人研究评述荆楚人物、史地、风物的学术著作和工具书及图册。

文献编、方志编录籍以 1949 年为下限。

研究编简体横排，文献编繁体横排，方志编影印或点校出版。

《荆楚文库》编纂出版委员会

2015 年 11 月

目　录

第一章　绪　论

以江汉平原为腹地的长江中游地区，其丰厚的文化艺术土壤，不仅在先秦孕育了以楚国歌乐为表率的浪漫主义荆楚艺术体系，而且降于秦汉，遁于现今，仍保存、发展着荆楚文化艺术传统，使这一地区歌乐舞艺术的地域性特色更趋鲜明，地方性风格更为显著。

丰富的出土乐舞材料与历史文献记载相印证，地下的文物与地上的“活化石”——民间传统歌乐舞活动遗风相对应，长江中游地区的荆楚歌乐舞艺术，不论在中国还是在世界，无论在过去还是在现代，都闪烁着耀眼的光芒。

第一节　荆楚歌乐之历史性

中华民族的歌乐舞文化有着悠久的历史和丰富的内容。文献与出土文物都表明，早在原始社会时期，我们的祖先在与大自然搏斗的过程中，即已创造出“戛击鸣球”“击石拊石”“百兽率舞”“搏拊琴瑟以咏”，[①]以及“三人操牛尾”投足以歌舞[②]等浸润着强烈谋生功利性的原始歌乐舞艺术。

降至殷商，随着阶级社会的形成，传统歌乐舞活动被烙上了鲜明的阶级印记，显示出艺术与巫祀相结合、文明与野蛮相伴生的文化特征。恒舞于宫，酣歌于室，歌乐舞活动充满着巫祀色彩的宗教性功利观。

西周时期，史官文化日渐成熟。周公作乐制礼，使中华传统艺术，由殷商巫舞祀歌的巫祭文化主流，发展为等级森严的礼制文化。乐舞活

① 皮锡瑞. 今文尚书考证[M]. 北京：中华书局，1989.

② 陈奇猷. 吕氏春秋校释[M]. 上海：学林出版社，1984.

动与身份等级、礼制规格紧相关联。理性化的史官文化使数千年的原始乐舞活动得以规范地发展，制度化的乐舞和专门化的理论应运而生并渐趋成熟。

先秦时期以楚国歌乐舞为典范的荆楚歌乐舞艺术正是历史发展至这一时期，在这样一种文化传统中形成的。它地处南国蛮夷地区，却又置身于西周史官文化的传统氛围之中，巫风与理性交织一体，不同文化系统的诸种艺术因素混融一身，浪漫主义艺术风格日渐鲜明，华夏文化南支之表率的地域性歌乐舞艺术体系日趋完善。

两周之际，芈姓楚人南下江汉，立国于长江中游江汉楚蛮之地，使这一地区数千年的原始歌乐舞遗风融入奴隶社会向封建社会转化的时代特点。荆楚歌乐舞艺术的地域性特征与个性化风格日益显著，并一跃而成为南方歌乐舞艺术的表率。

荆楚歌乐舞艺术无疑建立在长江中游的地方传统文化基础之上，但有其特殊的发展进程。它首先是一部楚国歌乐舞文化艺术史。因此，对荆楚歌乐舞艺术的研究，必须注重其历史形态的考察，从大量的文献史料和物质遗存——出土或传世的乐器、舞器以及其他相关器皿上的乐舞图像和乐舞理论(铭文)等资料中，探讨荆楚歌乐舞艺术的历史渊源、发展进程、基本面貌、文化特质、艺术风格……进而把握其文化精神与本质特征。

荆楚歌乐舞艺术最基本、最主要并贯穿其历史发展之始终的，是楚人于长江中游创造的一种地域性民族艺术。但在其发展历程中，由于春秋战国之际百家争鸣，文化空前繁荣，尤其是随着楚国国力的不断壮大，许多原本属于其他文化系统的民族艺术因素也被它兼融。因此，荆楚歌乐舞艺术实际上是多民族文化混融、碰撞的历史结晶，事实上已超越长江中游的地域范围。

纵观荆楚歌乐舞艺术发展史，其渊源可追溯到三个方面，即芈姓楚人的文化传统、中原华夏文化和江汉土著文化。大量的出土资料证明，楚国歌乐舞艺术从滥觞到成熟，中原华夏文化传统所占比重较大、影响较深，是荆楚歌乐舞艺术的主要渊源之一。但楚系乐器性能的发展，荆楚歌乐舞艺术个性特点的增强，以及整个文化面貌的改观，则是江汉土著文化中巫风传统所产生的文化效应。长江中游的土著文化在楚国歌乐舞艺术的发展时期，为其增添了无穷的艺术活力，奠定了至关重要的地域性艺术基础，它是荆楚歌乐舞艺术发展史中十分重要且不可缺少的另一渊源。而贯穿先秦楚国歌乐舞文化历史之始终，使之在继承史官文化传统的同时，摆脱中原僵化礼制的桎梏，既广吸养料于土著传统，又未停滞于南国原始巫风之状态，并使二者混融一体，进而形成独具特色之荆楚歌乐舞艺术体系的，则是先秦芈姓楚人固有的土著文化传统和民族精神——这是荆楚歌乐舞文化的本源，也是自古及今荆楚地区歌乐舞艺术所体现的基本文化特征。

荆楚歌乐舞艺术的形成，上述三源缺一不可。本源决定了它的精神面貌和文化特质，中原史官文化传统是使它脱离原始艺术形态的重要前提；江汉土著文化则为它改造中原传统、开拓艺术领域、形成独特审美心理和艺术风格提供了文化土壤。

由形成到转换，以芈姓楚国为核心的先秦荆楚歌乐舞艺术，经历了西周早期至西周晚期的滥觞期，春秋早期至春秋晚期中叶的发展期，春秋晚期末叶至战国中晚期秦将白起拔郢之时的成熟期，以及此后至公元前 223 年楚为秦灭的衰败、转换期。

滥觞期荆楚歌乐舞艺术的风格以模仿中原文化为主，尚无自己的显著特点，而难以准确地辨认。到了发展期，由于楚国对南土的兼并，尤其是楚国所奉行的较为开明的文化政策，① 南方土著艺术的巫风传统逐渐被楚国统治阶层所接受，荆楚歌乐舞艺术的地方特点勃然醒目。成熟期的荆楚歌乐舞艺术，则以中原传统与蛮夷风格混融一体为标志，风格独特化、实践规范化、理论系统化的荆楚歌乐舞艺术体系日臻成熟。

公元前 278 年，楚郢都沦陷，金石之声作为楚国的王权标志衰落了，

---

① 张正明. 楚文化史［M］. 上海：上海人民出版社，1987.

但荆楚歌乐舞艺术的文化传统、文化精神和艺术风格并未戛然而止，反而以其深厚的群众基础和强大的艺术活力绵延于后世，直接影响着汉唐乃至今日中华传统艺术——尤其是长江中游歌乐舞文化的形成与发展。

荆楚歌乐舞艺术的发展历程，是以黄河中游文化和长江中游文化为代表的多种地方性文化不断撞击的交流过程，其艺术魅力正产生于混融性文化机制之中。

混，是指两种以上有一定关联的物质渗混于一体；融，是指该渗混体在一定条件下融合为一种新的有机统一体。它既不同于混融过程发生之前的某一渗混体的原貌，也不是多种渗混物简单的相加，又不是与诸渗混物毫无关联的“怪胎”。混是事物发展的初级、外部、物化过程，融是事物发展的高级、内部、心理阶段。混融体的产生则是量变到质变的飞跃，是全部过程的结果，同时又是下一个新的混融过程的开端，是另一个新的混融体的物质源。

荆楚歌乐舞艺术以楚人的文化精神、中原华夏的文化传统和江汉蛮夷的文化土壤为基础，三者由混而融，共同造就了非夏非夷却又亦夏亦夷的荆楚歌乐舞艺术混融体——一种特色鲜明的歌乐舞艺术体系，并为下一个混融体——西汉歌乐舞艺术的形成打下了基础。

混融并非荆楚歌乐舞艺术独有的文化现象，但在荆楚歌乐舞艺术领域中表现尤其明显，成就颇为辉煌。而且，这种机制与传统在长江中游的文化艺术中相承不衰。可以说，荆楚歌乐舞艺术正是以其开放性、兼融性的混融机制，奠定了自己在中国艺术史乃至中国文化史上的重要地位。

概观荆楚歌乐舞艺术的发展史，其文化风貌似可略述如下：

第一，歌乐舞不再仅附生于等级森严的礼乐制度下，宫廷礼乐与民间俗乐的严格界限淡化或泯灭了，其娱乐性即江汉楚人特有的娱人娱神的艺术性效果大为增强，并成为歌乐舞活动的基本功能之一。

第二，楚人有人神并重的审美观和艺术价值追求，它以模拟自然并超越自然的浪漫主义艺术表现手法，使荆楚歌乐舞艺术飘逸虚幻而热情舒旷，具有运动的生命活力和深邃的宇宙意识。

第三，巫风虽浓郁却非停滞于原始野蛮状态。巫祀成俗，歌舞成风，荆楚歌乐舞艺术的巫文化特征十分突出，但楚巫文化具有其非原发性的特征。① 因此，荆楚巫歌祀舞，在保存其原始宗教活动外形和基本宗教意义的前提下，更多地发展为一种具有抒情审美意义、体现着理性精神与时代文化的艺术形式。

第四，八音齐全，品种繁多，荆楚歌乐舞艺术的华夏文化总体风貌赫然突出。荆楚歌乐舞艺术的物质形式之一——乐器，乃中原传统八音与南方民族音乐形态特点相融合而使其音乐性能不断完善的乐器体系。其中，西周中原传统“以动声”的金石类乐器，其旋律性能不断增强，鼓类乐器的节奏功能则日趋突出。中原传统的八音体系，被楚人扬弃性继承和开拓性发展了。

第五，楚系乐器的组合亦颇有特点，它既有中原传统的金石钟磬乐器组合，更有特性鲜明的鼓、瑟、笙类非金石乐器组合，具有集先秦金石之声之大成、开后世管弦丝竹乐之先河的历史功绩。

第六，楚歌和声即一唱众和的艺术形式，使楚乐具有广泛的群众基础与艺术活力。钟鼓齐奏，雅俗同堂，是荆楚歌乐舞艺术的基本特征。

第七，长袖抒情，细腰喻美，楚地乐舞既有相和而歌之舞之的集体性，亦有因技能高超而和者弥寡的独舞、独唱、独奏等艺术形式。

第八，实践规范化，理论系统化。荆楚歌乐舞艺术不仅形成了长袖细腰的舞蹈风姿、属而和之的演唱形式等规范化实践体系，而且有以管定音的实践准则，以及独具特色的荆楚乐律理论体系。

第九，多种风格并存，多元文化混融。传统形式与地域特点、时代特征相融合，荆楚歌乐舞文化是多民族、多地域文化混融效应的历史产物。

---

① 李幼平. 论楚乐的巫文化传统与特征［C］.“国际中国传统音乐研讨会”论文，1991.

第二节 荆楚歌乐之地域性

芈姓楚人立国江汉楚蛮之地，是特点鲜明的荆楚地域文化得以成熟的重要条件和基本标志，但这并不意味着楚国歌乐舞文化是楚地南音艺术的起点，更不意味着楚国歌乐舞艺术史即楚地歌乐舞文化发生与发展的全部过程。数千年的长江流域歌乐舞艺术土壤，孕育了楚国歌乐舞文化，也保存、发展了在800余年楚国歌乐舞艺术史中形成的文化精神与艺术特征，使历史性的荆楚歌乐舞艺术与其地域性特点紧相依存。

《吕氏春秋·音初篇》记大禹治水之时的南方歌乐舞云："歌曰：'候人兮猗!'"其词虚实相间，且以感叹词入歌，吟咏反复，以抒歌者焦急等待的内心情怀。

在长江中游属于新石器时代的文化遗址中，多次出土一种内装石子、沙粒或硬陶丸的空心陶球，它们可手持摇奏，"沙沙"发声。这些陶响球被广泛发现于湖北的枣阳、京山，湖南的澧县，川东的巫山等地区，且自成体系，与中原同时期古文化遗址中所见的同类物有别。它同原始时代的其他器物一样，虽然不一定仅作为乐器使用，但戛击鸣球、击节歌舞应是其具备的基本功能之一。

发现于长江中游的另一种新石器时代乐器为陶铃，它出土于湖北天门石家河遗址（年代约为公元前2400年），现陈列于湖北省博物馆。其形体扁圆，通高5.6厘米，口径之纵横分别是7.1厘米和10厘米，器表中部有阴刻兽面纹，坚硬的质地使之出土时仍叩击有声。此陶铃的形制与后世青铜的钟和铃很相近，它的出土既为探索我国青铜钟类乐器的起源提供了重要材料，亦为研究长江中游地区原始歌乐舞艺术提供了实物资料。

当中原地区跨入文明门槛时，长江中游的蛮夷民族文化艺术亦大有发展。它在继承传统和与中原文化交流的过程中，在共性因素长足发展的同时，个性特点亦日趋鲜明。

湖北黄陂盘龙城早商遗址中出土的陶埙，五峰渔洋河畔发现的大型商代特磬，崇阳白霓大市河畔出土的晚商铜鼓，湖北、湖南等地发现的自成体系、风格特殊的商周南方大铙……它们均以其特有形制和良好的性能，展示出楚人立国之前长江中游丰厚的乐舞艺术土壤和基本文化精神。

崇阳铜鼓发现于 1977 年，① 以青铜仿当时的木鼓而铸制，通高 75.5 厘米，重 42.5 公斤，仿羊皮的鼓面为椭圆形，竖径 39.5 厘米，横径 38 厘米，沿鼓腔两端边沿饰有乳钉纹三列，酷似木鼓蒙皮所用的鼓钉。其主体恰似横置的腰部，但体上有马鞍状鼓冠，体下有长方形鼓座，通体饰阴刻云雷纹和乳钉组合而成的饕餮纹。此鼓造型奇伟凝重，风格独特，是我国迄今所见年代最早的铜鼓实物。

湖北五峰渔洋镇出土的两件石磬，系打制而成，未加磨砺。其通长分别为 79.5 厘米和 83.5 厘米，通高分别为 41.8 厘米与 39 厘米。

作为先楚南方音乐文化特色而值得一书的，还有前面提及的南方类型青铜大铙(或称早期甬钟)，考古学家将它们分为江浙类型和湖南类型。② 江浙类型的铙，其年代较早者见于江苏、浙江及邻省，之后于江西、湖南、广西、陕西等地亦有发现。湖北阳新白沙乡刘荣山发现两件该类型的铙，残高分别为 24 厘米和 27 厘米，音高分别为 f^1 和 c^1。③ 江浙类型青铜铙有从东向西——即由长江下游向长江中游并向关中地区转移的倾向，被有关考古学家作为西周中期定型之青铜甬钟的早期形态。这些青铜铙绝大多数出自窖坑，具有明显的祭祀山川河流等早期宗教巫祀活动的文化特征。

湖南类型青铜铙集中发现于洞庭湖及湘江流域，其最大特征是体重型巨，装饰纹样以象、虎、夔龙等猛兽为主，最大者高达 109.5 厘米

---

① 崇文. 湖北崇阳出土一件铜鼓[J]. 文物，1978(4).

② 曹淑琴，殷玮璋. 早期甬钟的区、系、型研究[C]// 考古学文化论集（二）. 北京：文物出版社，1989.

③ 咸博. 湖北阳新县出土两件青铜铙[J]. 文物，1981(1).

(重150公斤)，最重者154公斤(残高84厘米)，是植而鸣之的击奏乐器。它们几乎都是单个出土于高山河谷等荒漠地区，仅1959年在湖南宁乡老粮仓师古寨山顶同时发现了5件，其中下层两件一排共4件，上层另放1件，均口部朝上，距地表仅约一米。①湖南类型青铜铙的形制呈合瓦状，甬上多有旋，其形体宽扁、钲部与篆部未相分离，尚未出现乳丁纹和体内加工调音的迹象，但具有以三度音程为主的自然双音现象存在。

从新石器时代的陶响球、陶铃，到殷商时期的石磬、铜鼓、铜铙，这些出土实物不仅反映出长江中游原始居民击节歌舞的艺术传统，以及不断发展的打击乐器品种与性能，尤其是向固定音高和简单旋律方向演进的趋势，而且也反映出这一地区盛行祭祀山川天地、先祖神鬼的原始巫术文化氛围。它们与文献记载相呼应，共同构画出长江中游先楚之声的艺术风貌和文化特点。

两周之际，长江中游的歌乐舞艺术，随着楚国的兴衰，融八方土风于一炉，集先秦乐舞之大成，其地域性特点逐渐规范化、完善化。荆楚歌乐舞艺术形成了自己独具特色的艺术形态、审美追求和艺术风格，成为长江中游地区地域性艺术的代名词。

公元前223年，楚国结束了近八百年的历史，然而就歌乐舞艺术而言，与楚国政权一道遭打击的是宫廷艺术，或者更准确地说，仅仅是作为政权标志的金石钟磬的物质外表，而不是以钟的发展为典范的混融文化精神，以及钟鼓谐鸣、雅俗交融的艺术风格。因此荆楚歌乐舞艺术在其发展的历程中，经过纵横交流、多源混融，已经成为具有独特文化精神和强大艺术活力，既有实践基础，更有理论总结的群众性、地域性文化艺术体系。

“楚虽三户，亡秦必楚。”②这不只是楚人的信誓旦旦，它还反映出荆楚地域文化的强大生命力。起兵灭秦的项羽乃楚裔贵族，他爱楚

① 高至喜.中国南方出土商周铜铙概论[C]// 湖南考古辑刊（第二辑）.长沙：岳麓书社，1984.

② 史记[M].北京：中华书局，1982.

歌，垓下被困时，在四面楚歌声中，仍高唱楚辞，壮志不已。刘邦乃楚裔平民，后为汉高祖，他对楚乐楚舞的厚爱也屡见史籍。《史记·高祖本纪》载，刘邦击败黥布叛军后凯旋，途经家乡沛县，作楚辞《大风歌》，教沛中少儿百二十歌唱，他亲自击筑伴歌，“乃起舞，感慨伤怀，泣数行下……”《房中乐》虽为先秦传统的宫廷音乐，但在汉初，其曲调亦为南音。“高祖乐楚声，故《房中乐》楚声也。”①

无论文献记载还是出土实物，都反映出楚声南音、长袖舞风在汉魏乐舞艺术中的重要影响。楚人亡秦立国，名虽曰汉，但楚文化实乃汉初上至贵族、下至平民的文化基础，其混融性机制也直接为汉文化所继承。承传统，通西域，纳异风，开新貌，两汉音乐文化在楚人的传统中走向未来。

不仅如此，江汉地区的荆楚歌乐舞艺术也仍在其独特的文化环境中继续发展。源于江汉地区的“荆楚西声”——西曲歌，与楚歌和声的艺术形式一脉相承的《竹枝》歌舞，出胯扭腰、长袖抒情的中国传统舞风，以及留传至今的三音歌调、竹枝歌体、哭嫁歌、跳丧鼓等一系列传统民间风俗性歌乐舞艺术形式，使荆楚歌乐舞艺术的地域性特色数千年来毫无衰减，在中华传统歌乐舞园地中屡现活力。

第三节　荆楚歌乐之古今承袭性

数千年的文明史线索清晰，传统绵延，未曾出现巨大的断层，这是中华文化的重要特点，也是荆楚歌乐舞艺术古今承传、特色永驻的总体文化环境与历史背景。

作为一种历史文化现象，荆楚歌乐舞艺术以其大量的物质遗存——出土和传世乐器、舞器、乐舞图像、音乐理论文字等资料与文献中的有关记载相印证，共同构画出其独特的历史风貌。作为一种与时间紧相联的听觉、视觉艺术，荆楚歌乐舞艺术以其特有的积淀方式，大量保存于相

① 汉书［M］.北京：中华书局，1982.

关地区的传统乐舞活动——“活化石”之中。它们以纵的脉络和横的体系，展示出自己的文化特点和艺术风格。

由于歌乐舞文化的二维性时间特点，我们认为，研究传统地域性歌乐舞艺术，必须将与该地域文化有关的古代实物与文献记载对照比较，在研究其历史面貌、文化特点、精神内涵的同时，还需将文献、实物与民俗“活化石”三者作综合考察。只有这样，才能把握这一地域文化的具体艺术特性，全面探讨其特有的艺术形态特征。

这种文物、文献、“活化石”三者结合的综合性研究，正是本书所力求采用的方法，它有如下可能性与可靠性：

一、今昔楚声 精神同一

由于楚人特殊的族源，不屈不挠、顽强求生、奋发向上的民族精神，以及以中原华夏文化为主源，以文化艺术蕴藏丰富的江汉地区为温床的特殊文化背景，先秦楚声从商周之际弱小的楚部落艺术，发展为集江汉土著风格于一身的地方性艺术，并在春秋战国之际成熟为融列国先进文化于一炉的地域性荆楚歌乐舞艺术体系，它自始至终反映出楚文化“外求诸人以博采众长，内求诸己而独创一格”① 的混融进取精神。这正是先秦荆楚歌乐舞艺术之所以伟大的根本原因，也是贯穿荆楚古今歌乐舞艺术的基本文化风格与内在艺术精神。

二、荆楚歌乐舞艺术的混融性风格纵横相通

先秦楚歌楚乐楚舞，以其充满浪漫主义艺术特质的南方风格而自成体系，其混融性风格颇为醒目。如今的荆楚歌乐舞艺术，通过艺术工作者不懈的努力，其混融性风貌亦被今人初步把握。以昔日楚文化的腹地湖北地区的民歌为例，即具有如下鲜明的特征：其一，多种风格并存，一省民歌又分为鄂东北、鄂东南、鄂中南、鄂西南、鄂西北等五个地方音调色彩片，且各片与其所紧邻的他省民歌风格相近却又不尽一致，五

---

① 张正明. 楚文化史［M］. 上海：上海人民出版社，1987.

个不同的色彩片以其特有的文化风格融合一起，共同构成了湖北民歌以多种风格并存为特征的民间艺术体系。其二，题材广泛，体裁多样。全省民歌包括八种体裁，66个歌种。它既记录着近现代荆楚人民的哀怨喜乐，更反映出这一地区远古先民的风俗传统；既有全国其他省区存在的号子、山歌、小调等体裁，更有独具江汉平原千里粮仓之地方特色的郢中田歌和体现古代楚声气质的风俗歌曲。其三，曲体结构多种多样，腔调旋律原始而又复杂，其中普遍存在的三音歌——以三声腔即兴创腔为歌的方法，以及一些与古代楚声诗、乐、歌、舞综合体——楚辞、《竹枝词》等相类似的词曲结构，确定了湖北民歌独有的艺术风貌。可以说，湖北民歌是中国南北民歌分界线上颇具特色的民族音乐混融体，它既是荆楚地区几千年来不同历史时期音乐传统的纵向积淀，也是同一时期不同地区之多种艺术风格特征的横向交融。它之所以具备这样的文化风格和艺术成就，正是荆楚歌乐舞艺术博采众长、自成一体的混融精神的历史效应。

三、传统连续 地域独特

正如前文所述，中华文化，尤其是荆楚民间艺术，具有悠久的传统和未曾出现断层的文化背景。如今的湖北，是先秦楚国的中心地区，位居长江中游，汉水下游，东、西、北三面环山，中部是千里江汉平原，境内河流交错纵横，湖泊星罗棋布，先秦时为华夏文化与南方蛮夷文化撞击的焦点，如今亦是连接中国南、北、东、西的要道。特殊的自然环境，使素以粮仓著称的荆楚大地同样具有为歌乐舞艺术提供交流、混融、积淀等文化发展场所的功能，使荆楚歌乐舞艺术古今承袭，在千丝万缕的传统延续中不断创新发展，焕发出异彩纷呈的辉煌。

四、经济稳定 文化昌盛

“湖广熟，天下足”，荆楚地区自古即为盛产粮食的粮仓。从距今4500多年前的湖北屈家岭文化遗址中出土的打制双肩石锄等生产工具可知，农作生产在当时即已成为人们主要的生产活动之一。而屈家岭上层遗址中发现的成层稻谷壳证明，新石器时代长江流域的土著居民，已种植、食用着与今人相同并仍普遍栽培的大颗粒粳稻。西周之后，源于北方华夏民族又兼具蛮夷血统的芈姓楚人，经过“筚路蓝缕”的艰辛创业，形成了“贤者与民并耕而食、饔飧而治”的贤农思想。立国江汉，使其北粟南稻双利齐取。数千年稳定的农耕方式和农作经济形态，保存了与之紧相联系的音乐舞蹈艺术。《来凤县志》载：“四五月耘草，数家共趋一家，多至三四十人，一家耘毕复趋一家。一人击鼓以作气力，一人鸣钲以节劳逸，随耘随歌。”此即揭示了民间传统风俗歌舞的农耕经济基础。这种“一鼓催三工”的习俗，在今天荆楚民间仍然流行：薅草有薅草锣鼓、车水有车水锣鼓、插秧有插秧歌……江汉楚地特有的地理环境和社会经济形态，孕育着独特的文化传统与艺术风格。

五、巫风浓郁

楚人崇巫，重淫祀，荆楚歌乐舞艺术多与巫风结缘。在荆楚民间，春祭禾苗、秋祭山川、治病招魂的端公巫术，在其整个祭拜活动中，以优美的旋律、强烈的节奏、粗犷的舞姿，再现出楚人崇巫的传统，留存着后世难觅的远古楚风。

六、风俗古今相承 民情今昔相通

“百里而异习，千里而殊俗。”① 楚人立足南北东西之中，介乎华夏蛮夷之间，楚境之中虽然夷夏错杂，风俗多样，但楚人的传统风俗始终是主体，并成为荆楚歌乐舞艺术的重要载体。例如：楚凤集真、善、美于一身而极受楚人钟爱，虎座凤架鼓和彩绘凤鸟编磬等先秦楚器，都体现了崇凤的传统风尚，也是荆楚歌乐舞艺术的重要素材。在近现代的荆楚地区，凤仍为人们崇尚的偶像，是人民心目中吉祥如意的象征。因而，与凤鸟有关的舞蹈，成为长江流域盛行的艺术题材。在湖北，不仅十多个县市流传有凤舞而且很多舞蹈动作模拟飞禽，有

---

① 吴则虞. 晏子春秋集释［M］. 北京：中华书局，1982.

"凤凰展翅"之类以凤命名的舞姿。至于跳丧、招魂、绕棺游所等楚地风俗性歌舞活动，更可从中窥探今昔荆楚歌乐舞艺术共通的传统风俗民情背景。

七、楚声犹存

歌乐舞活动作为人类社会固有的文化艺术现象，始终依附于一定的民族以及一定的地理环境和社会形态，从而具有一定的传统继承性。民间歌乐舞反映着劳动人民的心声，用本民族、本地区方言土语歌唱，用世代相传的形式表演，其浓郁的乡土气息所表现的对传统特性的承袭关系尤为明显。

在丰富的湖北民歌宝库中，大量保存着以纯属三声音阶行腔歌唱的三音歌，此外还有少量的二音歌。其音程常见的有大二度、小三度、纯四度三种。民间歌手以三声腔创腔作曲。在五声音阶中，三声腔亦为其基础音调。若将三声腔中的相关音程与出土的早期乐器相参照，可知它们正是原始音乐的基本音程关系。古老的音程关系为流传于近现代的湖北民歌基础音调的习惯性自然音，其音乐特质的承袭性是不言而喻的。

湖北民歌以徵调式为主，其基调为sọl lạ do。由于混融关系，徵调式又有多种不同色彩的歌腔。徵调式的窄三声sọl lạ do对各调式的影响较大，以至产生"串韵"现象，很多调式中都有它的痕迹。而lạ do re窄羽三声腔，在湖北民间歌曲中也有一定的影响，它常参与sọl lạ do徵调式，以配合交替或混合行腔，形成窄徵sọl lạ do为主体、羽宫为两翼的徵羽宫商角这五种不同色彩的调式音调。这种徵羽宫商角的音调分布排序，正与先秦楚钟的音列排序一致，而有异于《吕氏春秋》记载的以宫为始音的音列体系。现代民歌调式分布与楚地编钟音列结构的一致，与其说是传统民歌对古代楚声的继承，还不如说是先秦荆楚民间音调影响并改造源于中原的金石钟磬音乐性能的明证。二者所存在的一致性关系，充分反映出楚声今昔的音乐特征继承性。

如果我们从普遍存在于湖北民歌中的三声腔原理和创腔思维逻辑考察民间歌手的转调方法，我们不仅能发现“引商刻羽，杂以流徵”①的转调理论真谛，而且更能寻辨调式调性临时即兴变化时，《阳春》《白雪》于郢都和者甚寡的音乐根源。

比较湖北民歌与出土编钟，我们还会发现有些民歌以纯律为主，所形成的五度为框架、三度为枢纽的音调逻辑，实为以纯律作为五度相生律之补充所产生的实用混合律制，这与楚地出土编钟具有相同的乐律学思维。②

此外，荆楚地区民间舞蹈扭腰出胯、分裆下沉等古朴舞风，竹枝体民歌，跳丧等民歌曲体结构，与《竹枝词》乃至楚辞的曲式因素所呈现的相同或相似的特点，也都表现出荆楚歌乐舞艺术的悠悠传统与习习古风。

当然，对于民间歌乐舞这一“活化石”，不能一概视作地域性特点和历史性遗存，它既可能有地域性古老歌乐舞风俗的原始遗踪，也会有原始遗风在后世的创新，更会有不同时期、不同地域之风俗民情的交流和歌乐舞艺术因素的混融。因此，对于“活化石”，必须以辩证的历史唯物主义方法，加以区分，进而把握它的传统精神与风格，多角度地综合研究传统地域性歌乐舞艺术的文化特征与艺术形态。

---

① 萧统. 文选[M]. 北京：中华书局，1977.

② 童忠良，郑荣达. 荆楚民歌三度重叠与纯律因素——兼论湖北民间音乐与曾侯乙编钟乐律的比较[J]. 黄钟，1988(4).

第二章　荆楚南音

南音、楚声、西曲、楚乐，这些在中华文化舞台上独树一帜的荆楚南方乐舞品种，均有一个相同的特点，即既有自己与中原艺术相异的地域性文化特征，又有一个对其他文化，尤其是对中原文化不断混融的发展历程。这一特点，至少发端于夏商之际，形成于春秋战国之时。

第一节　南音与北音

据《吕氏春秋·音初篇》记载："禹行功，见涂山之女；禹未之遇，而巡省南土。涂山氏之女乃令其妾候禹于涂山之阳。女乃作歌。歌曰：'候人兮猗!'实始作为南音。"同书对"北音之始"亦有记录，据载，其词为"燕燕往飞"。虽然对大禹所巡之南土的具体地望众见有异，但对其江淮南域的大致方位则均持同说。从《吕氏春秋》对南北音之始的记载可知，早在传说的大禹时期，南北方民歌的风格差异已经存在了。

据其歌词，北音一字一意，一字一音，句中无衬垫语气助词，与后世中原的四言体诗歌一脉承传；而南音则虽为四言，却虚词与实词相错，叙事与抒情相间，语气助词"兮猗"二字吟咏回旋、高下往复，增强了实词"候人"所表达的含义。其婉转柔吟的演唱艺术效果，将涂山氏候人急切的思念之情，刻画得入木三分。可以说，一曲"候人兮猗"，拉开了南北地域歌乐舞文化差异的帷幕，体现了南音楚声以情感人、注重旋律的艺术风格以及自由奔放、回旋吟咏、随兴而发、兴尽方止的艺术追求。

两周之际的南方音乐泛称为"南"。《诗经·小雅·鼓钟》云："以雅以南，以籥不僭。”《诗经》中的《周南》《召南》更是采集于江、淮之间。崔述、薛君曾对南音之名考源索义。崔述《读书偶识》云：“南者，其体本起于南方，北人效之，故名以南。”《后汉书》薛君章句曰：“南夷之乐曰南，四夷之乐唯南可以和于雅者，以其人声及籥，不僭差也。”中原之外，有东夷、西戎、南蛮、北狄四夷之称，薛君之世，南音业已经过先秦楚国音乐文化的规范，他以为四夷之风唯南可与雅乐相和，反映出荆楚南音与华夏正声各有个性的同时，更有“可和”的共性。

《越人歌》产生于长江中下游越人居住地区，乃先秦南音。据刘向《说苑·善说篇》载，约在公元前5世纪，楚国鄂君子皙泛舟江上，越人艄工歌曰：“滥兮抃草滥予昌擅泽予昌州州𫗦州焉乎秦胥胥缦予乎昭澶秦逾躁堤随河湖。”这是依音之字的记录，所云之意今人殊难推定。好在鄂君子皙闻歌之时，即请人译成楚言，为我们研究先秦南音的差异，留下了极为珍贵的材料。

《越人歌》的楚语歌词为：

今夕何夕兮，搴洲中流？
今日何日兮，得与王子同舟？
蒙羞被好兮，不訾诟耻。
心几烦而不绝兮，得知王子。
山有木兮木有枝，
心悦君兮君不知！

由上述情况可知，先秦芈姓楚人立国江汉，贵族仍操夏语，而民间则初改“南蛮鴂舌”之俗，亦操夏语，亦通蛮言。南音之中，可通于中原雅乐者，当为江汉荆楚之声。

长江中下游地区的南音，除《越人歌》外，吴地歌曲亦颇具特色。“吴歈蔡讴，奏‘大吕’些”，楚辞《招魂》记载了楚国祭祀活动中所演奏的吴“歌”——吴歈。战国时期楚国的使者陈轸曾对秦王说：“王独不闻吴人之游楚者乎？楚王甚爱之。病，故使人问之，曰：‘诚病乎？意亦思乎？’左右曰：‘诚思则将吴吟。’”① 其中，二人谈到了吴地的一种歌唱形式——吴吟。“幸乎馆娃之宫，张女乐而娱群臣。罗金石与丝竹，若钧天之下陈。登东歌，操南音，胤阳阿，咏‘韩任’，荆艳楚舞，吴愉越吟，翕习容裔，靡靡愔愔。若此者……皆与谣俗计协，律吕相应。”由左思《吴都赋》可知，吴越之吟，早已成为合乐中律的歌舞形式。

先秦南音中的楚歌，有歌词见于文献的有《接舆歌》和《孺子歌》。前者见于《论语·微子》：“楚狂接舆歌而过孔子曰：‘凤兮，凤兮！何德之衰！往者不可谏，来者犹可追。已而，已而！今之从政者殆而！’”后者见于《孟子·离娄》：“有孺子歌曰：‘沧浪之水清兮，可以濯我缨；沧浪之水浊兮，可以濯我足。’孔子曰：‘小子听之，清斯濯缨，浊斯濯足矣，自取之也。’”

《孺子歌》是五言(加兮节奏)的诗词结构，其“二二一(兮)”的节奏，颇似楚辞中的杂言体(详第四章)。类似这种歌词结构的民歌形式，在今天湘澧之间、荆楚江汉等地区的民间歌曲中仍可觅得踪迹。例如湖南嘉禾的伴嫁歌，是当地十分古老的风俗歌，保留着相当古老的歌唱方法。《一根豆角两头尖》（曲 1）即为一例，它的曲谱与歌词配法特别，以其规律配唱《孺子歌》也很适合，并具有古朴的风格。

《一根豆角两头尖》只有八小节，上下句，是七言词变唱为两个五言体的上下句形式(包括语气助词)。曲中，除第 2、4、6、8 小节是腔格固定音外，其第 1、3、5、7 小节均随方言字音变化而变化，全曲由三声腔“lạ do mi”构成，其调换的音亦在这三个音的范围内，表现出三声腔制约于地方方言的特点，这是自古以来民间用方言和祖传的音调即兴行腔的基本规律。以此规律和湖南嘉禾的歌调，换以湖北江陵的方

① 苏州市文学艺术界联合会，江苏省民间文学工作者协会. 吴歌[M]// 中国歌谣丛书. 北京：中国民间文艺出版社，1984.

言声调行腔，就有复原《孺子歌》的一种可能性(曲 2)。

曲 1

一根豆角两头尖

（李杜英唱 正 强 秀 华记）

曲 2

孺子歌

先秦南音历史悠久，其中吴吟、越歌、楚声各有特点。它们和中原北音一起，共同构成了中华传统歌乐舞的基本艺术风格。

第二节 古今分南北

《礼记·王制》载：“凡居民材，必因天地寒暖燥湿，广谷大川异制。民生其间者异俗，刚柔、轻重、迟速异齐，五味异和，器械异制，衣服异宜。修其教，不易其俗。齐其政，不易其宜。”自古以来，南北居民生活环境不同，风俗习惯不同，其歌乐土风也颇有差异。南北文化的交融，不仅造就了中华传统歌乐舞异中存同的文化体系，也使地域性特点同中显异，由此奇彩怒放。

分析中国民族音乐的形态特点，我们不难把握当今南北音乐的基本特征。南方音乐婉转抒情，其旋律以五声级进为主，歌曲字少腔多，衬词多样，一字多音，吟咏反复；北方音乐则舒旷热烈，其旋律多四度及四度以上的跳进，歌曲则字多腔少。在特点鲜明的中国民族音乐体系中，荆楚地方音乐恰好处在南北音乐交汇地带，具有十分明显的兼融性特征。湖北民歌如此，流行于荆楚地区的汉剧、楚剧等戏曲及其他民间地方艺术，也具有同样的风格。

楚剧，亦称西路花鼓、黄孝花鼓，源于鄂东地区的彩莲船、高跷、竹马等民间歌舞形式，其主要腔调则脱胎于这一地区的田间劳动歌曲——一唱众和、锣鼓伴奏的哦呵腔。汉剧，曾称楚调、汉调、黄腔，形成于汉水中下游地区，其唱腔以西皮、二黄为主。西皮北承秦腔演变而成，二黄则采东南安徽一带的民间歌腔而产生。作为中国京剧的源头之一，汉剧与楚剧的发展、形成历史，正是一部南北合套、兼融并蓄的艺术史。

南曲与北曲作为中国传统戏曲最早的声腔形式，在宋元之际，也就是在中国戏曲初具规模的时期，它们各自的文化传统和艺术风格差异即已显露无余。

北曲盛行于元代，以中原传统歌舞音乐与说唱音乐为基础，在兼取当时流行的汉族和女真族民歌的过程中逐步形成。其曲调采用七声音阶，字多调急，节奏紧凑，旋律中常出现大跳音程，乐曲结构为曲牌联缀体。北曲宫调谨严，一套曲子仅限用一种宫调，演出采用一人主唱的独唱形式。南曲是南宋以来在长江流域流传的南戏中的音乐，其曲调采用五声音阶，旋律多级进、小跳，字少调缓，节奏疏缓，音乐风格娇媚婉转。它广吸养料于南土民间歌曲和文人词调，兼融前者的活泼诙谐与后者的典雅恬静于一体。其曲体亦为曲牌联缀结构，但所用宫调在保证规范的同时，根据情感表现的需要灵活变通，一曲可选用二三个宫调。南曲的表演，除独唱之外，还有对唱、合唱(和声)等形式；其舞台角色，既有以典雅词调为基础的正剧人物，更有以诙谐民歌为基础的喜剧人物。雅俗同台，生命力与艺术性共在。不仅如此，南曲在其发展过程中，在与各地民间音乐紧密结合而不断繁衍新的地方戏曲声腔的同时，更注重吸取中原艺术的优点，引进北曲的曲调，开中国戏曲音乐南北合套混融发展之先河。

从先秦南北音到宋元南北曲，乃至今天的南北方民间艺术，中华音乐文化共同体中的南北特色之分，贯穿古今。索其缘由，其中之一则是中国民间歌曲的方言差异。民歌均以本民族、本地区特有的方言土语演唱，这个特点，形成了各地特有的方言口语化旋律。民歌手无论以腔从词，还是以词配歌，之所以能够很自然地、得心应手地即兴创腔，脱口成歌，正是因为他们能根据本地区的方言声调与习惯性地方音调创腔、填词。方言声调和在方言声调基础上形成的地方音调，直接影响并制约了民歌旋律的地方色彩。

汉语方言分南北两大区域。北方方言较为统一，均属北方话，基本上可用普通话交流。南方方言则不仅异于北方，其本身亦较为繁杂，语类有吴语、湘语、赣语、闽语、粤语、客家语等，这些语类之间的差异很大，它们相互之间甚至不能通话交流。

今天如此，古代亦如此。“夫齐之与吴也，习俗不同，言语不通……”[①]先秦时期北方齐语与南方吴越方言的差异颇为明显。从鄂君子皙对《越人歌》原词茫然不解的记载可知，至少在战国时期，越语与楚语亦是两种不同的语言。

“周、秦常以岁八月遣辎轩之使，求异代方言，还奏籍之，藏于秘室。”[②]对我国地方方言的殊异现象，古人早已注意并着手采集。西汉扬雄的《方言》一书，即为中国第一部比较方言词汇及其区域分布的专著。据现代学者对该书所载地名进行的分合研究，找出了西汉时期中国方言的13个区域，即秦晋、郑韩周、梁和西楚、齐鲁、赵魏之西北、魏卫宋、陈郑之东郊和楚之中部、东齐与徐、吴扬越、楚(荆楚)、南楚、西秦、燕代。

数千年的方言差异制约、影响着中国民间歌曲的形成与发展，决定了民歌旋律的另一因素——地方传统音调(后文简称“方音”)的特色。通过对传统民歌活化石的调查、统计，以及相应音阶、调式、旋律风格等音乐形态、文化内涵的分析研究，中国汉族民歌音调也可以划分为13个有一定差异的地方音调色彩区(方音区)。即①华北方音区，②东北方音区，③西北方音区，④中原方音区，⑤西南方音区，⑥荆巴方音区，⑦湘方音区，⑧赣方音区，⑨江淮方音区，⑩吴方音区，⑪粤方音区，⑫闽方音区，⑬客家方音区。这13个方音区相互之间的异同变化，构成了汉族民歌音乐风格的南北两大区域。

中国传统民间歌曲可由西向东划出如下一条南北风格分界线：西起陇南，以山为界，经秦岭、伏牛山、桐柏山、大别山，向东以淮河为界，分淮南、淮北，再向东，则延伸至苏中南与苏北。音乐风格的南北分界，恰与我国气候亚热带与暖温带的分界相似，而且基本上与先秦的南北文化分界相合。

---

① 陈奇猷.吕氏春秋校释[M].上海：学林出版社，1984.

② 王利器.风俗通义校注[M].北京：中华书局，1981.

第三节 南音与楚声

作为殷周之际已引人注目的地方性音乐艺术，初见史籍的南音，以相对于中原的总体方位得名。西周以降，文献所记南音除楚声之外，还有吴、越等南土的民间音乐。春秋战国之际，楚国收吴越、霸南土，荆楚歌乐舞艺术在多民族的文化交流中勃然成熟。此时，历史悠久的南音，已成为楚声的代换名称。地方特点突出的吴歈越讴、《下里》《巴人》，响彻楚宫、流行郢都，成为荆楚歌乐舞艺术的重要组成部分。

南土乡音是先秦楚声的重要艺术渊源，春秋战国之际荆楚歌乐舞文化与南方土著艺术的混融，更使南音大放异彩。

肴羞未通，女乐罗些；
陈钟按鼓，造新歌些；
涉江采菱，发扬荷些；
……
二八齐容，起郑舞些；
……

竽瑟狂会，搷鸣鼓些；
宫廷震惊，发激楚些；
吴歈蔡讴，奏大吕些；
…… （《招魂》）

代秦郑卫，鸣竽张只；
伏戏驾辨，楚劳商只；
讴和扬阿，赵箫倡只。 （《大招》）

无论《招魂》还是《大招》，它们描述的荆楚歌乐舞场面，均已融南土之风于一体。由此，后人以楚声注南音也就顺理成章了。

据《左传·成公九年》记载，楚之郧公钟仪在战争中被俘囚于晋国，晋侯于军府见之，“使与之琴，操南音”。钟仪以其言称先职(乐官)不背本、乐操土风（南音）不忘旧的品质，令晋侯“重为之礼”。有如此妙用的南音土风是什么呢？汉代经学大师郑玄注曰：“南音，楚声也。”

先秦楚声的歌词，多衬有“兮”“些”“只”等语气助词，这与婉转的南音之始“候人兮猗”有相通的地方，与现代荆楚地区传统民歌也有相同的特征。

《迎神诗》是流传至今的风俗歌，用于民间孝祭(亦称“白喜祭”)仪式中。其词以“兮”入歌，很有特色(曲 3)。

曲 3

迎神诗

（风俗歌·堂祭·夜祭）

登 天 堂 (噢),
见君 蔫 兮
感 凄 怆 (噢),
瑯 璈 振 兮 (也)
照 宗 房 (噢)。
我 求 神 兮
(父)
(母)

降 自 阴（乃），
阴魂 升 兮（呀）
入 地 冥（乃），
酿 琥 珀 兮
酌 郁 金（乃），
酬 酯 觞 兮（呀）
祇 且 歆（乃）。

我求 神 兮
(父)
(母)
到 家 堂(喂),
喜 贵 福 兮(呀)
爱 兰 芳(噢),
香 飘 渺 兮
烛 辉 煌(哎),

我求神（或父/或母）兮降自阴，阴魂升兮入地冥，

酿琥珀兮酌郁金，酬醅觞兮祇且歆。

我求神（或父/或母）兮到家堂，喜贵福兮爱兰芳，

香飘渺兮烛辉煌，返故府兮依灵床。

（刘光祖 唱 刘厚长 戴 行 记）

楚声的土著文化暨南音艺术的传统，还表现在巴楚民间艺术的交融之中。上一节曾划分中国汉族民歌的 13 个地方音调色彩区，其中第 6 个——即荆巴区是本书选用传统民俗歌舞“活化石”的主要地区，包括先秦时期的楚国腹地——长江中游与中游偏上的巴人活动地区(即今湘鄂西土家族地区)在内。这一判断，是以传统民间歌曲的音乐形态、艺术风格等为基本依据而作出的。追溯历史，也有其脉络可寻。

考古资料证明，长江中游新石器时代的城背溪文化、大溪文化、屈家岭文化、石家河文化具有相互叠压、绵延发展的历史序列，并被有关学者认为是先秦楚文化的土著渊源之一，其地域即荆巴区。楚人立国江汉地区之时，巴人乐舞在其民间影响甚大，颇受欢迎。秦汉以后，随着人口的迁徙，如历史上三次大规模的中原人口南下和“闽赣填湖广”

“湖广填四川”的西迁，荆巴区成为不同方音艺术交汇、融合的中心地段，积淀了纵横混融过程中的多种文化特征，并形成了独特的荆楚歌乐舞艺术混融体。

楚声与南音除紧密的渊源承袭关系外，还有一层扬弃改造的发展关系。先秦的楚声跨传统南北音分界线两边，以江汉平原为中心，往北伸入大别山、桐柏山等北音地区，郑卫之音与吴歈蔡讴谐鸣楚宫。楚声在突出南音风格的同时，兼具中原北音特征。南北音风格混融并自成一体，是先秦楚声得以代称南音，荆楚歌乐舞文化得以成为华夏文化艺术南支之表率的重要原因。从今天的地方音调特点来看，荆巴区其东为江淮方音区，其南是湘方音区，其西乃西南方音区，其北是中原区，吴头楚尾、楚南越北、蜀东楚西的南方艺术共性，与中原北音艺术交汇融合，使古今荆楚歌乐舞艺术活力永驻。

第三章　《诗经》与楚声

《诗经》所收先秦15国民风中，包括江汉南土之音。倚跨南北音分界线的先秦荆楚歌乐舞艺术，吸收了华夏文化的传统。在当今荆巴方音区中，保存着《诗经》的遗韵古风。

第一节　《诗经》中南音

“古者诗三千余篇，及至孔子去其重，取可施于礼义……三百五篇，孔子皆弦歌之。”[①] 由孔子删定的《诗经》，包括风、雅、颂三类体裁。这三百零五篇诗歌，原来均为融诗、歌、乐、舞于一体的乐歌。其产地除黄河流域之外，亦涉及长江、汉水一带——即孕育先秦楚声的江汉地区。

“风”属地方民间曲调，共160篇，包括15国之民风。其开篇之周南、召南以及其中的陈风等，均直接记录了南音歌乐的基本特点，揭示出它们与先秦楚声之重要的渊源关系。

据郭沫若先生对殷商甲骨文的考证，南原本为一种形如钟铃的节奏乐器，以之伴奏，得名为南。张西堂《诗经六论》亦云：“南是一种曲调，是由于歌唱之时，伴奏的是一种形状像南而现在读如铃的那样的乐器而得名。南是南方之乐，是一种唱的诗，其主要得名的原因，只是由于南是一种乐器。”作为地方音乐的南，即文献载及的“南音”。

“滔滔江汉，南国之纪。”《诗经·小雅·四月》及有关文献记载中，江汉流域之诸国于周代多习称为南国、南土。故而我们认为：“二

---

① 史记[M].北京：中华书局，1982.

南”之诗绝大部分采自江汉间小国，即今湖北郧阳、襄阳、江陵等地区。

“关关雎鸠，在河之洲。窈窕淑女，君子好逑……求之不得，寤寐思服，悠哉悠哉，辗转反侧……窈窕淑女，琴瑟友之……窈窕淑女，钟鼓乐之。”《关雎》诗中，与始之南音的“候人兮猗”略有差异，它描述的是一个男子对一位美丽少女的相思相恋，而且不再仅为等候佳人而吟咏。江汉南土于两周之际，早已是琴瑟相参，钟鼓相伴，纷繁的乐声成为表达情感的重要手段。乃至孔子盛赞：“《关雎》之乱，洋洋乎盈耳哉。”①

陈乃西周初受封，以宛丘(今河南淮阳)为都的诸侯国，其统治地区大致为今之豫东与皖西北地区。据《左传》记载，宣公十一年(轘元前598年)“楚子为陈夏氏乱故，伐陈”，“遂入陈，杀夏徵舒， 诸栗门，因县陈”。此后楚又多次让其复而再灭，陈为楚所左右，陈之乐舞民风为先秦楚声所兼融。

《诗经·陈风·株林》载及陈灵公君臣私通夏姬而被诛的史实，以楚县陈的公元前598年为据，其产生年代似不得早于公元前599年。

宛　丘

[原文]	[译文]②
子之汤兮，	姑娘跳舞摇又晃，
宛丘之上兮。	在那宛丘高地上。
洵有情兮，	心里实在爱慕她，
而无望兮。	可惜没有啥希望。

① 《论语·泰伯》。

② 程俊英.诗经译注[M].上海：上海古籍出版社，1985.

坎其击鼓，	敲起鼓来咚咚响，
宛丘之下。	跳舞宛丘低坡上。
无冬无夏，	不管寒冬和炎夏，
值其鹭羽。	洁白鹭羽手中扬。
坎其击缶，	敲起瓦盆当当响，
宛丘之道。	跳舞宛丘大路上。
无冬无夏，	不管寒冬和炎夏，
值其鹭翿。	头戴鹭羽鸟一样。

这是一首描写巫女舞姿翩翩、貌美擅乐而深受男子爱恋的诗歌。巫风于陈，受最高统治者倡导。全国盛行巫风，竞于歌舞。以歌舞降神的女子，不论天气冷热，均在街上为人们祝祷、跳舞。它是当时民间自娱性歌舞艺术兴盛的写照，当为楚巫文化的重要渊源。

东门之枌

[原文]	[译文][1]
东门之枌，	东门白榆长路边，
宛丘之栩。	宛丘柞树连成片。
子仲之子，	子仲家里好姑娘，
婆娑其下。	大树底下舞翩跹。
穀旦于差，	挑选一个好时光，
南方之原。	同到南边平原上。

① 程俊英. 诗经译注［M］. 上海：上海古籍出版社，1985.

不绩其麻，	撂下手中纺的麻，
市也婆娑。	闹市当中舞一场。
穀旦于逝，	趁着良辰同前往，
越以鬷迈。	多次相会共寻芳。
视尔如荍，	看您像朵锦葵花，
贻我握椒。	送我花椒一把香。

这是一首显示陈国民间盛行歌舞的风俗诗。首章描写情人的独舞，次章描绘姑娘们的群舞，末章则写出自己得到了爱情。巫歌祀舞的民风，不仅方便了青年男女的约会，而且逐渐脱离其宗教性功利目的，日渐成为自娱享乐的艺术性活动。

这些正是先秦荆楚乐舞在二南、陈国等地区民间土风的基础上，广吸乳汁得以成熟的肥沃土壤和艺术因素。

第二节 《风》《雅》与民歌

我国著名音乐史学家杨荫浏先生在其所著《中国古代音乐史稿》中，从《诗经》词体的结构，对其相应乐曲的曲式进行了归纳、探讨，并由之认为：从《诗经》中的第一大类——15国国风的歌词中间，最容易看出民间歌曲曲调的重复与变化情况；在第二大类——《雅》，包括《小雅》与《大雅》的歌词中，也有类似的情况。这反映出贵族文人乐曲创作的民间音乐基础，它们的曲体结构，与民歌大体一致，“是出于民歌的体系”①。

杨荫浏先生从《诗经》中归纳出先秦中国民歌的10种曲式结构，而这些古老的曲式结构，在今天的荆楚民歌中仍可找到相对应的形式。

① 杨荫浏. 中国古代音乐史稿[M]. 北京：人民音乐出版社，1964.

1. 同一曲调的反复，如《诗经·周南·桃夭》：

（1）桃之夭夭，灼灼其华。之子于归，宜其室家。
（2）桃之夭夭，有蕡其实。之子于归，宜其家室。
（3）桃之夭夭，其叶蓁蓁。之子于归，宜其家人。

类似这种上下句反复的歌词结构在《诗经》中极为普遍。在今天的荆楚民间传统民歌中，也是最常见的民歌曲式结构。鄂西南鹤峰县民歌《姊妹要织锦》即为一例(曲 4)①。

曲 4

① 湖北省恩施行政专员公署文化局. 恩施地区民歌集（内部资料）[M]. 1979.

附词：

2. 织起月亮圆溜溜，一对梭罗在里头。

3. 二姐织起天上星，娘说女小织不成。

4. 织起大星对小星，五湖四海不离分。

5. 三姐要织天上云，娘说女小织不成。

6. 织起乌云对紫云，寅时落雨卯时晴。

7. 四姐要织对门岩，娘说女小织不成。

8. 织起大岩对小岩，一对猛虎下山来。

9. 五姐要织茶盘圆，娘说女小织不成。

10. 织起茶盘圆溜溜，一对金杯在里头。

这种一个曲调反复演唱的古今民歌体裁，歌词的格式简单、固定。有的句子如《桃夭》那样，于反复的诸段中固定不变。如："桃之夭夭""之子于归"。有的句子结构相同，用字略异，如："宜其室家""宜其家人"。在上例中，"大姐要织天上月"与"二姐织起天上星"等是略有变异的相仿句，"娘说女小织不成"则为固定句。其中第一段中的"织不得"是为了押韵，以后诸段均为"娘说女子织不得"。此类以一相对固定的曲调反复演唱而定中有变的上下句结构，在荆楚地区的民歌中极为常见。

2. 一个曲调之后接副歌，如《诗经·召南·殷其雷》：

（1）殷其雷，在南山之阳。何斯违斯，莫敢或遑？（副歌）振振君子，归哉归哉!

（2）殷其雷，在南山之侧。何斯违斯，莫敢遑息？（副歌同）。

（3）殷其雷，在南山之下。何斯违斯，莫或遑处？（副歌同）。

这种所谓副歌体民歌，在今日湖北地区的传统民歌中，屡见不鲜，且其中的副歌多为帮腔齐唱以和声。鄂中南潜江市的薅草歌《越想越心伤》（亦称《十想》）即为一例，其主要部分为四句歌词，副歌则由四句主歌之后两句歌词和两句衬词“呀伙衣呀伙也，衣呀衣伙呀”构成。①

（1）一想我爹娘，不该把奴养，把奴丢在高坡上，越想越心伤。

（副歌）把奴丢在高坡上，越想越心伤。

（2）二想做媒的，做媒鬼东西，只顾堂前把酒吃，两头胡哄你。

（副歌）只顾堂前把酒吃，两头胡哄你。

……

鄂西南巴东县的灯歌《十个凤凰》亦属该类型乐曲结构的民歌。其主歌反复十遍，歌词除第一段“一个凤凰一个头，一双眼睛黑溜溜”中的“一个、一双”在第二段以下依次改为“二个、二双”“三个、三双”直至“十个、十双”之外，其余基本不变。副歌部分则十段相同(曲5)②。

曲 5

十个凤凰

（灯歌·花鼓子）

① 杨匡民. 中国民间歌曲集成·湖北卷［M］. 北京：人民音乐出版社，1988.

② 湖北省恩施行政专员公署文化局. 恩施地区民歌集（内部资料）［M］. 1979.

3. 一个曲调的前面用副歌，如《诗经・豳风・东山》，其歌词结构如下：

（1）（副歌）

我徂东山，慆慆不归。我来自东，零雨其濛。

我东曰归，我心西悲。制彼裳衣，勿士行枚。

蜎蜎者蠋，烝在桑野。敦彼独宿，亦在车下。

（2）（副歌）

我徂东山，慆慆不归。我来自东，零雨其濛。

果蠃之实，亦施于宇。伊威在室，蟏蛸在户。

町畽鹿场，熠耀宵行。不可畏也，伊可怀也。

(3)(副歌同，故略)

鹳鸣于垤，妇歎于室。洒埽穹窒，我征聿至。

有敦瓜苦，烝在栗薪。自我不见，于今三年!

(4)(副歌同，故略)

仓庚于飞，熠耀其羽。之子于归，皇驳其马。

亲结其缡，九十其仪。其新孔嘉，其旧如之何?

这种词曲结构形式，在荆楚地区的古老民歌歌种中较为常见。如鄂西南长阳县“跳丧鼓”中，妇女所唱的《血盆经》就是这种结构。

《血盆经》以七言作为四言音节来歌唱，是少有的 $\frac{6}{8}$ 拍子。类似这种七言作为四言音节演唱，可能是《诗经》的遗声，因为四言的音节方便 $\frac{6}{8}$ 拍子的歌唱与跳舞，是四言体诗歌的音乐韵律基础。

《血盆经》的歌词结构如下，其谱详见曲6。

(1)(副歌)

我在佛山|拣藏经(啰)|

(也火火也)拣出 (的). 一本 (啰)|

血盆子 经(乃)|……

正月 (的). 怀胎|在娘(的个)身 啰 哎|

(也火火也)|无踪 (的). 无影 (乃)|……

又无 (的)形 乃|……

(2)(副歌同)

二月(的). 怀 胎|在娘(的个) 身啰 哎|

(也火火也)|黄皮(的). 寡瘦(乃)|

不像(的)人 乃|

曲 6

血盆经

（风俗歌·丧事歌·跳丧鼓）

（田少林 张胜力 唱 覃发池 冉一三 邓开平 周晓春 记）

（共反复26遍，歌词略）

4. 在一个曲词的重复中间，对某几小节音乐的开始部分，予以局部的变化。这种方法，在后来的民歌发展中，称作“换头”。例如：《诗经·小雅·苕之华》即为第三段上的换头结构。

（1）苕之华，芸其黄矣。心之忧矣，维其伤矣！

（2）苕之华，其叶青青。知我如此，不如无生！

（3）牂羊坟首，三星在罶，人可以食，鲜可以饱！

鄂西南鹤峰县民歌《看娘歌》就是这种“换头”结构的民歌，其歌词的前 10 段，即“正月……”至“十月……”结构相同，第 11 段至第 13 段则为部分发展变化而成(曲 7)①。

曲 7

看娘歌

① 湖北省恩施行政专员公署文化局. 恩施地区民歌集（内部资料）[M]. 1979.

（歌词每段四句。共十三段。此略）

5. 在一个多次重复的曲调前，用一个总的引子。《诗经·召南·行露》即为此类结构：

（引子）厌浥行露，岂不夙夜？谓行多露！

（1）谁谓雀无角，何以穿我屋？谁谓女无家，何以速我狱？虽速我狱，室家不足！

（2）谁谓鼠无牙，何以穿我墉？谁谓女无家，何以速我讼？虽速我讼，亦不女从！

鄂西南五峰县“跳丧鼓”中的《改了跳，又改调》在演唱时，即先唱一段引子，然后才以一个曲调重复，演唱多段词。① 引子将七言句用四音节演唱，拍子为 $\frac{6}{8}$ 拍，而多段词的反复旋律所组成的主歌，都是加有穿插句的七言二句 $\frac{2}{4}$ 拍节奏（曲 8）。

① 杨匡民. 中国民间歌曲集成·湖北卷［M］. 北京：人民音乐出版社，1988.

曲 8

改了跳又改调

（风俗歌·丧事歌·跳丧鼓·幺两合）

（叫）
咚.不弄咚一咚咚 打 0 | 咚.不弄咚一咚咚 打 0
别 的（呀）跳（嘞），改 了 脚（哇）
（跳）
咚.不弄咚一咚咚 打 0 | 咚.不弄咚一咚咚 打 0
又 改（的） 脚（唉），（也 火 火 也）
（叫）
咚.不弄咚一咚咚 打 0 | 咚.不弄咚一咚咚 打 0
改 脚 要 跳（嘞）[幺 两（那）合（那）]，
（跳）
咚.不弄咚一咚咚 打 0 | 咚.不弄咚一咚咚 打 0
改 了（哦 一 个）脚（嘞） 又 改 步（嘞），
咚.不弄咚一咚咚 打 0 | 咚.不弄咚一咚咚 打 0
改 脚 又 跳（那个）[幺 两（那）合（那）]。

中速（叫）
咚 咚 打 0 | 不弄 咚 打 0
郎 在（唷） 高 山（嘞）
姐 在（唷） 房 中（嘞）
左 手（唷） 接 到（嘞）
右 手（唷） 把 郎（嘞）
你 是（唷） 何 风（嘞）
（跳）
不弄 咚 咚咚咚 | 咚 打 0 | 不弄咚咚咚咚咚咚咚咚
[么 两（一 个）合（哪）]（也 也
[么 两（一 个）合（哪）]（也 也
[么 两（一 个）合（哪）]（也 也
[么 两（一 个）合（哪）]（也 也
[么 两（一 个）合（哪）]（也 也
咚咚咚咚咚 | 不弄 咚 咚咚咚 | 咚 咚
火（嘞）[么 两（一 个）合（嘞）]
火（嘞）[么 两（一 个）合（嘞）]
火（嘞）[么 两（一 个）合（嘞）]
火（嘞）[么 两（一 个）合（嘞）]
火（嘞）[么 两（一 个）合（嘞）]

(陈文章 隗忠烈 唱 许传登 记)

《屈原空中下凡尘》是该类曲式结构在鄂东南通山民间歌曲中的遗存(曲9)。①

---

① 杨匡民. 中国民间歌曲集成·湖北卷[M]. 北京:人民音乐出版社,1988.

曲 9

屈原空中下凡尘

（风俗歌·龙船号子·喝彩调）

下 凡（嘞） 尘 （嘞）。 （台台台 哐哐台哐
台 起 哐） 透 得 （呵） 天 门
四 边 （啰） 开 （呵）， 屈 原
空 中 下 凡 （嘞） 尘 （嘞）。
2.打 马 扬 州 请 锯
3.打 马 扬 州 请 木
4.打 马 扬 州 请 画
5.短 期 造 船 三 个
匠 （啊）， 请 来 锯 匠
匠 （啊）， 请 来 鲁 班
匠 （啊）， 请 来 画 匠
月 （啊）， 长 期 造 船

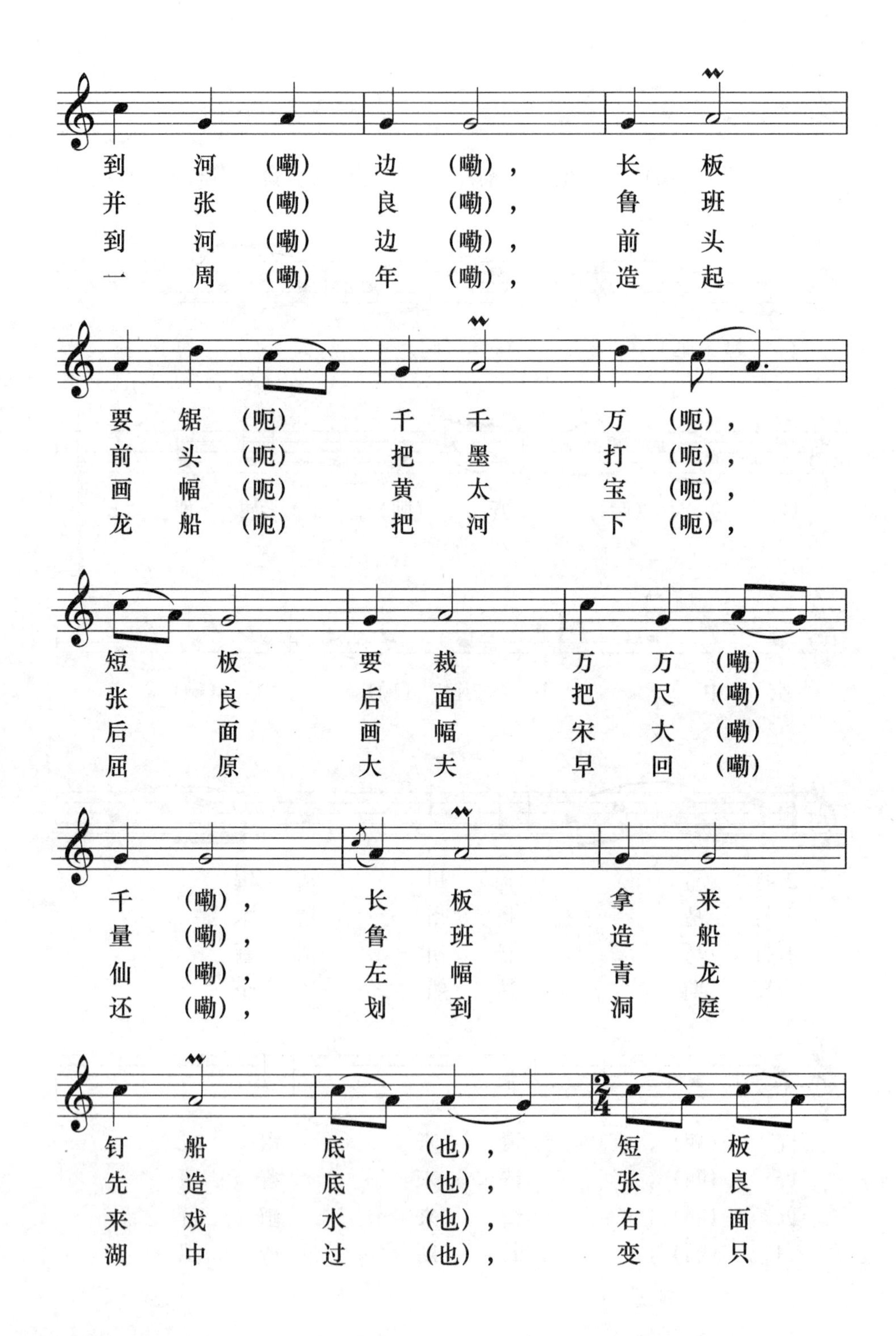
到 河 (嘞) 边 (嘞)， 长 板
并 张 (嘞) 良 (嘞)， 鲁 班
到 河 (嘞) 边 (嘞)， 前 头
一 周 (嘞) 年 (嘞)， 造 起
要 锯 (呃) 千 千 万 (呃)，
前 头 (呃) 把 墨 打 (呃)，
画 幅 (呃) 黄 太 宝 (呃)，
龙 船 (呃) 把 河 下 (呃)，
短 板 要 裁 万 万 (嘞)
张 良 后 面 把 尺 (嘞)
后 面 画 幅 宋 大 (嘞)
屈 原 大 夫 早 回 (嘞)
千 (嘞)， 长 板 拿 来
量 (嘞)， 鲁 班 造 船
仙 (嘞)， 左 幅 青 龙
还 (嘞)， 划 到 洞 庭
钉 船 底 (也)， 短 板
先 造 底 (也)， 张 良
来 戏 水 (也)， 右 面
湖 中 过 (也)， 变 只

(吴容清 唱 甘朝清 万立煌 记)

6. 在一个曲调的几次重复之后，再用一个总的尾声。此种结构，可以《诗经·召南·野有死麕》为例：

(1) 野有死麕，白茅包之。

有女怀春，吉士诱之。

(2) 林有朴樕，野有死鹿。

白茅纯束，有女如玉。

(尾声) 舒而脱脱兮！

无感我帨兮！

无使尨也吠！

这种句式在荆楚地区的传统民歌中是较为常见的。《十姊妹陪新人》是流传于鄂西南五峰县的一首婚事歌，①其曲体结构即与《野有死麕》相似，主歌部分为双关穿插句式，由甲、乙二人生动活泼的对唱构成，最后以演唱“柳叶青，茶清水清叶儿青”及点题的“十姊妹陪新人”告终(曲 10)。

① 杨匡民. 中国民间歌曲集成·湖北卷[M]. 北京：人民音乐出版社，1988.

曲 10

十姊妹陪新人

（风俗歌·婚事歌·陪十姊妹·解歌）

（甲）
唱一个一（奴么姨）又唱一（呀）
唱一个二（奴么姨）又唱二（呀）
唱一个三（奴么姨）又唱三（呀）
唱一个四（奴么姨）又唱四（呀）
唱一个五（奴么姨）又唱五（呀）
唱一个六（奴么姨）又唱六（呀）
唱一个七（奴么姨）又唱七（呀）
唱一个八（奴么姨）又唱八（呀）
唱一个九（奴么姨）又唱九（呀）
唱一个十（奴么姨）又唱十（呀）
（小姐姐），什么子花开（就）
（小姐姐），什么子花开（就）
（小姐姐），什么子花开（就）
（小姐姐），什么子花开（就）
（小姐姐），什么子花开（就）
（小姐姐），什么子花开（就）
（小姐姐），什么子花开（就）
（小姐姐），什么子花开（就）
（小姐姐），什么子花开（就）
（小姐姐），什么子花开（就）
（乙）
唱一个一还一个一，
唱一个二还一个二，
唱一个三还一个三，
唱一个四还一个四，
唱一个五还一个五，
唱一个六还一个六，
唱一个七还一个七，
唱一个八还一个八，
唱一个九还一个九，
唱一个十还一个十，

（向昌桂 田明青 唱　许传登 胡德生 记）

7. 两个曲调各自重复，然后联接起来构成一首歌曲。例如《诗经·郑风·丰》：

（第一个曲调）

（1）子之丰兮，俟我乎巷兮；悔予不送兮！

（2）子之昌兮，俟我乎堂兮；悔予不将兮！

（第二个曲调）

（3）衣锦褧衣，裳锦褧裳。叔兮伯兮，驾予与行！

（4）裳锦褧裳，衣锦褧衣。叔兮伯兮，驾予与归！

鄂西南宜昌县花鼓《乌龟招亲》就是此类以两个不同的曲调各自重复而组成的歌曲。① 这种结构，也就是传统戏曲、曲艺中所谓的曲牌联缀体结构。此类联曲体民歌，在灯歌，尤其是小戏型的灯歌中较为常见。

8. 两个曲调有规律地交互轮流，联成一个歌曲。例如：《诗经·大雅·大明》，其歌词结构如下：

（第一个曲调）

（1）明明在下，赫赫在上。
天难忱斯，不易维王。
天位殷适，使不挟四方。

（第二个曲调）

（2）挚仲氏任，自彼殷商，
来嫁于周，曰嫔于京。
乃及王季，维德之行，
大任有身，生此文王。

（第一个曲调）

（3）维此文王，小心翼翼，
昭事上帝，聿怀多福。
厥德不回，以受方国。

（第二个曲调）

（4）天监在下，有命既集。
文王初载，天作之合。
在洽之阳，在渭之涘。

① 杨匡民. 中国民间歌曲集成·湖北卷[M]. 北京：人民音乐出版社，1988.

文王嘉止，大邦有子。

……

如此第一个曲调与第二个曲调交互轮现，唱完八段歌词。

类似这种两个曲调有规则地轮流，共同联成一首歌曲的民歌结构现在也并不少见，特别是在荆楚地区的传统民歌中，这种结构不仅存在，而且还颇有特色。

鄂西北郧西县的灯歌《倒转年》即以两个不同调式的曲调结合而成。①其第一个曲调反复12次，从正月到12月，唱“问花”；第二个曲调转于上方四度调上，并重复12次，从腊月倒唱至正月以“答花”。24段歌词由两个曲调分别演唱，问答相间，颇有情趣。

《请禾苗神》传唱于鄂西北竹溪县民间农作之时，用于薅草开始时的请神仪式(曲11)。②请禾苗神时先焚香、烧纸、放炮、奠酒、供刀头肉，三通鼓毕，即唱请禾苗神歌。《请禾苗神》由两个曲调有规则轮流反复并联成全曲，两个曲调分别由两个上下句构成。

曲 11

请禾苗神

（田歌·阳锣鼓）

中速

鄂西北·竹溪县

①② 杨匡民. 中国民间歌曲集成·湖北卷[M]. 北京：人民音乐出版社，1988.

仓 咚咚仓 咚咚 一 咚咚仓 一 仓 一 咚咚
（甲）
仓） 1.（嘿） 阳 锣 鼓 打 得 连 声
3.（嘿） 纸 马 钱 财 安 排
震 （啰 嘿）， （仓 咚咚仓 咚咚 一 咚咚仓
定 （啰 嘿），
一 仓 一 咚 咚 仓） （嘿） 来 了 （哇）
（嘿） 肉 一 （呀）
歌 师 两 个 （啊） 人 （哪）；
碗 来 酒 一 （啊） 瓶 （哪）；
（仓 咚咚仓 咚咚 一 咚咚仓 一 仓 一 咚咚
（乙）
仓） 2.（嘿） 今 日 （哦） 主 东 （唷 他 就）
4.（嘿） 你 当 （哦） 酒 肉 （唷 他 就）

附词：

5.（甲）你我开始把神请，先请五谷禾苗神。

6.（乙）又请风调并雨顺，保佑五谷来丰登。

7.（甲）风伯雨师一起请，雷公闪电两尊神。

8.（乙）山神土地也要请，野兽耗老你担承；

9.（甲）主东酒菜将你敬，惟愿他五谷来丰登。

10.（乙）一些神圣安排定，回转（我们）又说与伙伴听：

11.（甲）众位农友（我们）一起请，老幼乡邻听分明。

12.（乙）我们大家要攒劲，都是到此赶人情。

13.（甲）今日干活全凭你，我们歌鼓二人打和声。

14.（乙）身挎锣鼓用目睃，眼观个个汗淋淋。

15.（甲）若还主东知道信，多办酒菜请你们。

16.（乙）（我们）闲话一时表不尽，我们看在哪段书上行？

17.（甲）解渴还要清泉水，唱歌还要本头儿记得清。

18.（乙）我低下头来暗思想，我猛然想起一段情。

19.（甲）前朝后汉都不讲，（我们）水浒梁山（甲）（乙）唱几声。

（彭锡林 彭锡望 唱 冯仲华 郑丹清 记）

9.两个曲调不规则地交互轮流，联成一首歌曲。例如《诗经·小雅·斯干》，其歌词结构如下：

（第一个曲调）

（1）秩秩斯干，幽幽南山。如竹苞矣，如松茂矣，兄及弟矣，式相好矣，无相犹矣。

（第二个曲调）

（2）似续妣祖，筑室百堵，西南其户。爰居爰处，爰笑爰语。

（第二个曲调）

（3）（词略）

（4）（词略）

（5）（词略）

（第一个曲调）

（6）（词略）

（第二个曲调）

（7）（词略）

（第一个曲调）

（8）（词略）

（9）（词略）

鄂东北红安县的灯歌《十绣》就属这种结构。① 所不同的是，《十绣》由三个不同却又相仿的曲调不规则地反复而形成(详曲 12)。

① 杨匡民. 中国民间歌曲集成·湖北卷[M]. 北京：人民音乐出版社，1988.

曲 12

十　绣

（灯歌·采莲船）

快速　　　　　　　　　　　　　　　　　鄂东北·红安县

船 在 江 中 玩 (嘞 合 合),
做 官 多 清 正 (嘞 合 合),
打 坐 白 虎 堂 (啊 合 合),
子 龙 逞 英 雄 (啊 合 合),
绣 一 个 姜 太 公 (灯 灯 合 合 妹 子 梭
日 断 阳 来 (灯 灯 合 合 妹 子 梭
绣 一 个 焦 赞 (灯 灯 合 合 妹 子 梭
长 坂 坡 前 (灯 灯 合 合 妹 子 梭
情 郎 奴 的 哥) 把 舵 扳 (啦 合 四 合)。
情 郎 奴 的 哥) 夜 断 阴 (啦 合 四 合)。
情 郎 奴 的 哥) 和 孟 良 (哎 合 四 合)。
情 郎 奴 的 哥) 救 主 公 (哎 合 四 合)。
8.八 绣 李 三 娘 (啊 青 梭),
9.九 绣 祝 英 台 (呀 青 梭),
10.十 绣 观 世 音 (嘞 青 梭),
受苦 在磨 房(哎 留 梭),磨 房 生 下
杭州 攻书 来(呀 留 梭),不 知 她是个
打坐 莲花 墩(嘞 留 梭),绣 一个 童 子

(袁启其 唱 吴隆春 记)

10. 在一个曲调的几次重复之前，用一个总的引子，在其后又用一个总的尾声。如《诗经 · 豳风 · 九罭》，歌词结构如下：

（引子）

九罭之鱼，鳟鲂。我觏之子，衮衣绣裳。

（主歌）

（1）鸿飞遵渚，公归无所，于女信处。

（2）鸿飞遵陆，公归不复，于女信宿。

（尾声）

是以有衮衣兮，无以我公归兮，无使我心悲兮！

鄂西南巴东县的《哪里来的花大姐》，就是这种曲体结构的民歌。其词式结构如下：

（引子）

哪里来的花大姐，头戴桂花香，

三匹柳叶飞过岩，三个大姐一路来。

（主歌）

（1）大姐本姓刘，梳起凤凰头。

（2）二姐本姓李，罗裙高挂起。

（3）三姐本姓张，头戴桂花香。

（尾声）

桂花香十里，十里桂花香，哪里来的精精巧巧、巧巧精精、玲珑乖巧花大姐，头带桂花香，哪里来的花大姐，头戴桂花香。

鄂西北神农架林区传唱的田歌《昭君去和番》①，也是引子，四次反复的旋律构成的主歌，其后再接尾声（曲13），表演时以锣鼓伴奏。

曲 13

昭君去和番

（田歌·薅草锣鼓·鼓里藏声）

慢起渐快 鄂西北·神农架林区

锣 | 2/4 X X | 0 0 | X X | 0 0 | 0 X X |

鼓 | 2/4 0 0 | X – | 0 0 | X – | 0 0 |

锣 | 0 X X X | X X X X | X X X | X XXXX | 1/4 X |

鼓 | X – | 0 X | X – | X – | 1/4 X |

① 杨匡民. 中国民间歌曲集成·湖北卷［M］. 北京：人民音乐出版社，1988.

中速
鼓
锣
唱腔
(哎) 昭 君 去 和 番 (唷),
回 头 望 长 安 (呀),
骑 的 乌 骓 马 (啰),
备 的 紫 金 鞍 (呀)。

怀 抱 琵 琶 子（唷），
弹 出了 凄 凉 事（唷），
恨 的是 毛 延 寿（唷），
错 画 美 容 颜（唷），
坐 在 马 上 弹（呀）。
两 眼 泪 不 干（呀）。
做的 什么 狗 头 官（呀）。
冷 宫 受 凄 惨（呀）。
昭 君 去 和 番（呀）。

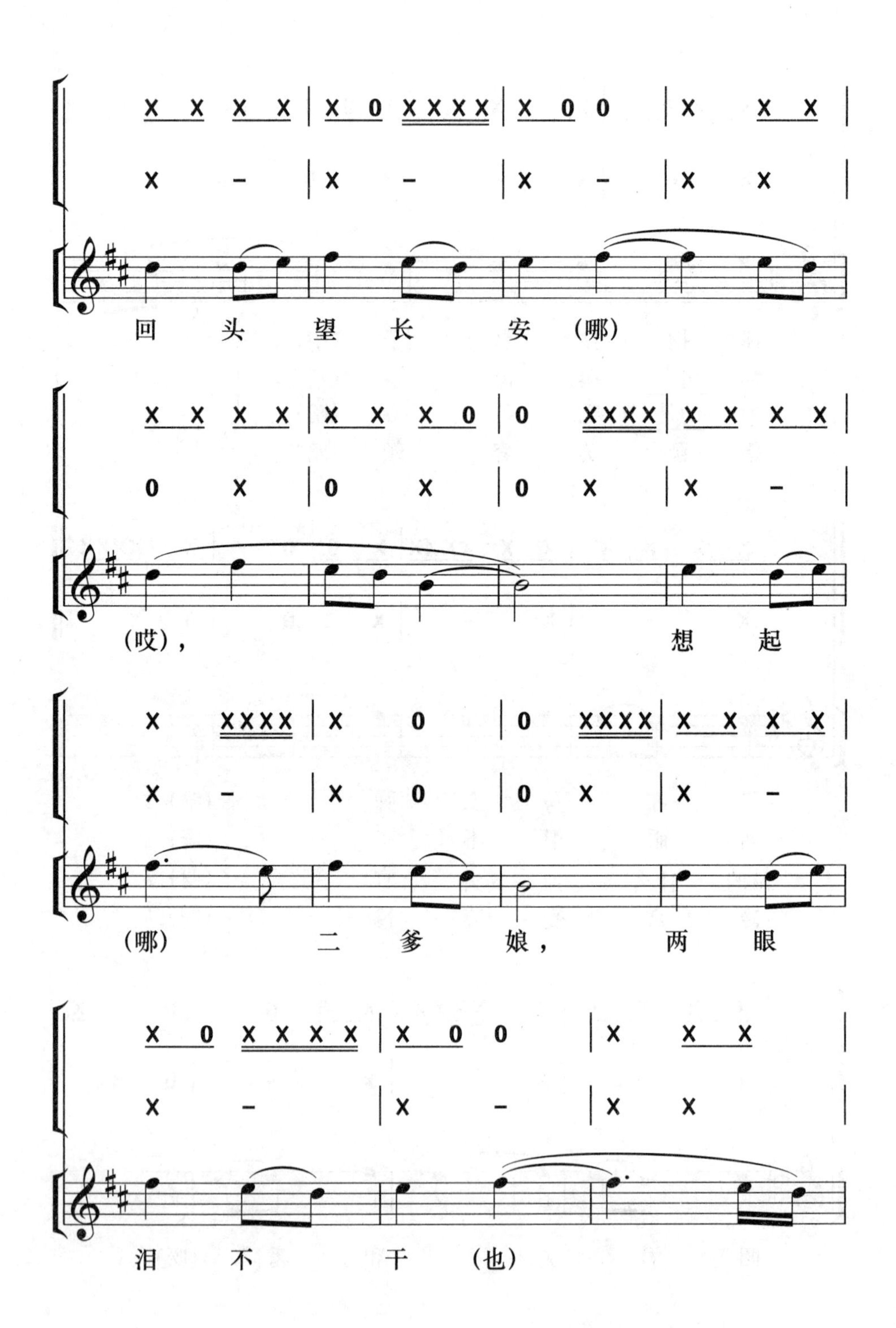
回 头 望 长 安 (哪)
(哎)， 想 起
(哪) 二 爹 娘， 两 眼
泪 不 干 (也)

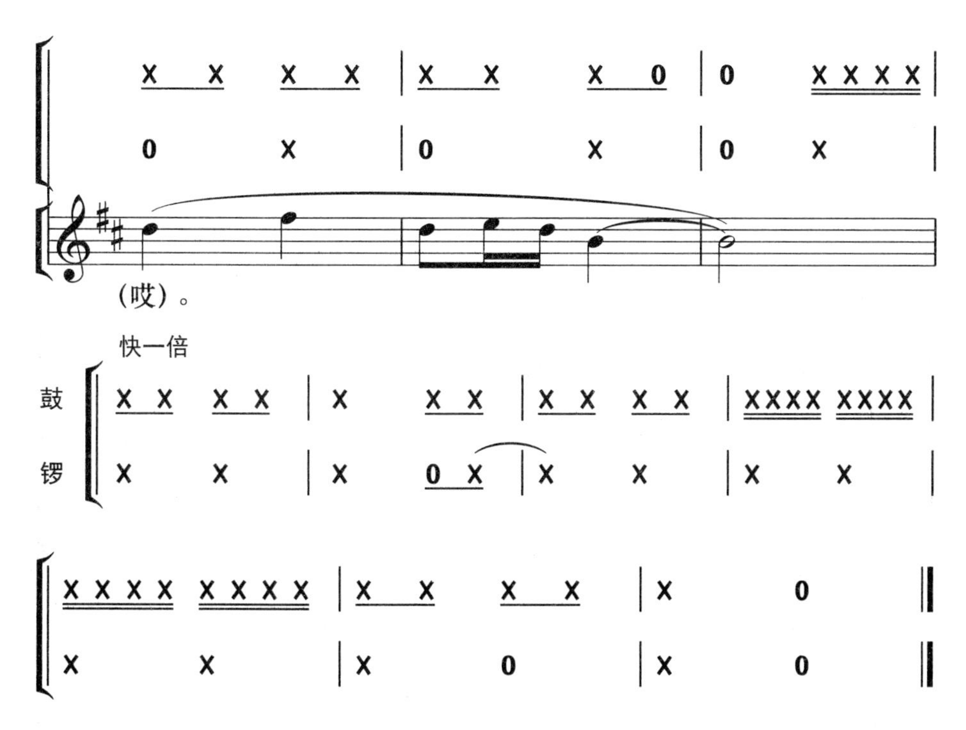

（李天保 赵宏发 唱 梁思孔 黄振奋 徐树棠 黄春林 龚万文 记）

第三节 诵弦歌舞

《墨子》云：“诵诗三百，弦诗三百，歌诗三百，舞诗三百。”古者诵、弦、歌、舞多位一体，诸种艺术形式紧密结合，《诗经》是既可吟唱，亦可配乐、配舞的综合体艺术。降至两汉，及于后世，除宫廷礼仪中曾有以《诗经》改编的典礼乐舞外，文人雅士抚琴吟诗亦颇风流。此外，在民间民俗歌舞中，《诗经》之乐遗韵无穷。

《关雎》作为《诗经》的开篇第一首诗，早在宋代，即有进士赵彦肃将流传于唐代开元年间的乐谱，以律吕谱的形式记写传世。曲 14 即由近现代音乐史学家杨荫浏先生，在清人邱之稑以工尺谱转译赵彦肃律吕谱的基础上，打谱整理而成，它是唐宋时期文人宫廷弦诗、歌诗的典型范例之一。

曲 14

关　雎

[清]邱之稑 改编
杨荫浏 打谱

窈 窕 淑 女，
寤 寐 求 之。
求 之 不 得，
寤 寐 思 服。
悠 哉 悠 哉，
辗 转 反 侧。
3.参 差 荇 菜，

左 右 采 之。
窈 窕 淑 女，
琴 瑟 友 之。
参 差 荇 菜，
左 右 芼 之。
窈 窕 淑 女，
钟 鼓 乐 之。

在鄂东北孝感市的传统乡俗中，婚嫁有一整套仪式。婚礼正式举行的前一天晚上，男方家中要举行“告祖加冠”礼；婚礼开始前，当花轿将新娘抬至新郎住地时，未进门就要在门前稻场中摆好香案，行“回銮”礼(亦称“拦车马”)；新娘进门的第一天晚上，闹新房时要行“彩堂”礼。其中，第一道仪式——告祖加冠中，在行“三献”和“加冠”礼时，有“歌诗”，即歌唱《诗经》这一内容。“歌诗”的诗(歌词)可从《诗经》中任点。

曲 15 是以《诗经·周南·关雎》为词的“歌诗”，此旋律除用于演唱《关雎》之外，也配唱《诗经·周南·桃夭》，故将其词亦附于曲下。

曲 15

歌 诗

(风俗歌·婚事歌)

鄂东北·孝感市

附词：

1.［桃夭首章］桃之夭夭，灼灼其华。之子于归，宜其室家。

2.［次章］桃之夭夭，有蕡其实。之子于归，宜其家室。

3.［三章］桃之夭夭，其叶蓁蓁。之子于归，宜其家人。

（柳仲平 唱 杨贤林 记）

曲 16 也是上述婚礼仪式中演唱的“歌诗”，其词《采苹》《鹊巢》，采自《诗经·召南》。

曲 16

歌　诗

（风俗歌·婚事歌·采苹章）

很慢　　　　鄂东北·孝感市

附词：

1.［采苹次章］于以盛之，维筐及筥；于以湘之，维锜及釜。

2.［采苹卒章］于以奠之，宗室牖下；谁其尸之，有齐季女。

3.［鹊巢首章］维鹊有巢，维鸠居之；之子于归，百两御之。

4.［鹊巢次章］维鹊有巢，维鸠方之；之子于归，百两将之。

5.［鹊巢卒章］维鹊有巢，维鸠盈之；之子于归，百两成之。

（沈永卿 唱 杨贤林 记）

在湘鄂西地区的土家人婚俗中，《诗经》的《周南》与《召南》，同样是“告祖”礼祭祀仪式中三献礼所演唱的内容。① 其初献礼时高歌《关雎》，亚献礼时则高唱《螽斯》《桃夭》等诗章，其后，在演唱《麟之趾》《鹊巢》等诗篇的歌声中完成三献礼。

土家人以高腔、平腔、拗腔和古腔等四种特有的地方传统歌腔演唱《诗经》。高腔高亢激昂，用于四言体《诗经》的演唱。曲 17 即为这一地区以高腔演唱《关雎》的记录。

---

① 彭南钧，尚钰芝. 高歌《诗经》是土家［J］. 湖北民族学院学报：社会科学版，1990（2）.

曲 17

关　睢

（高腔）

湘西·土家族

（宁玉唱尔山记）

曲 18 则为土家人以平腔演唱的《关雎》，其唱腔恬静，吟叹相间，情感虔诚，另有一番风味。

拗腔是土家人演唱《诗经》的另一种歌腔，气急声促，欢快流畅。曲 19 就是土家人以拗腔演唱《桃夭》的记录。

曲 18

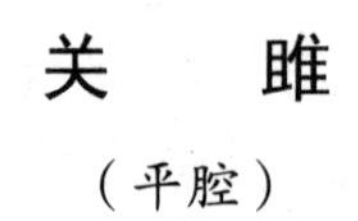

关　雎

（平腔）

湘西 · 土家族

（宁 玉唱尔 山记）

曲 19

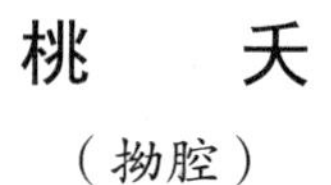

（宁 玉唱尔 山记）

上述高腔、平腔与拗腔都只适宜于四言体《诗经》的歌唱，湘鄂西地区的土家人还有一种传统的古腔，它既能演唱四言体的《诗经》，也能配唱七言体，甚至三四言间杂体等所有《召南》《周南》的诗。古腔舒展平缓，流利婉转，以其历史悠久、唱腔古老而得名。曲 20 是以古腔演唱四言体《关雎》的记录，曲 21 则为以古腔演唱《麟之趾》这类三言与四言相杂的《诗经》的例子。

曲 20

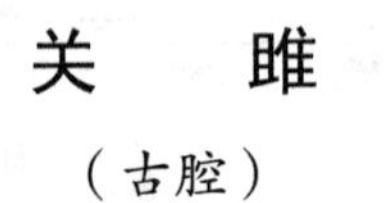

关　雎

（古腔）

湘西 · 土家族

（宁 玉唱尔 山记）

曲 21

麟之趾

（古腔）

湘西 · 土家族

（宁 玉唱尔 山记）

第四章　楚辞与楚声

楚辞是以屈原为代表的楚地文学家，对先秦时期长江流域中游地区文学艺术的集中整理与发展；它既包括民间歌曲，也包括吸取养料于民间而产生的创作歌曲；它是诗，更是源自荆楚民间的歌。

第一节　楚辞言体

众所周知，节奏是音乐艺术中极为重要的组成部分，有人甚至称之为音乐的灵魂与骨架。然而，由于音乐艺术的二维性特点，古代音乐的具体旋律形态，早已随着时间的推移而流逝于历史的长河之中。值得庆幸的是，古代歌词的文学形式流传及于现代，而它的言体节奏具有与音乐节奏紧相一致的特点。在今存的传统民间歌乐舞“活化石”中，仍保存着古代音乐的节奏特征。

古今诗词的言体，有二言、三言、四言、五言、六言、七言、八言、九言、十言等多种，其中又有齐言与杂言之别。通观楚辞的言体，可概分作两种类型，即普通言体与特有言体。

一、普通言体

楚辞的普通言体以《诗经》四言体式为主，另外，还有四言以上的五言、六言、七言、八言、九言、十言等言体，它亦有齐言、杂言并存的情况。

1. 四言体，即四言为分句的诗歌体

四言体诗歌多为“二二”型节奏，即四字均半，二字相连而构成节奏，它是《诗经》诸篇章的主要节奏型。楚辞中的《天问》《橘颂》《招魂》，都是以四言体上下分句为主的节奏。

例如《天问》：

曰：遂古之初，谁传道之？

上下未形，何由考之？

冥昭暮暗，谁能极之？

冯翼惟象，何以识之？

明明暗暗，惟时何为？

阴阳三合，何本何化？

于此，楚辞与《诗经》有共性，即上下两个分句构成一个整句。在传统民歌曲式中，这种上下句式也是一个乐段的最小形式，是民间歌曲的基本曲式。这种基本曲式(词式同)，在荆楚地区的传统风俗类民歌中较为常见，鄂东北大冶市的丧歌《祭路神歌》即其一例(曲 22)。①《祭路神歌》为四言体节奏，唱腔为两字一拖腔，这与楚辞四言体二字一拍的“二二”型节奏相符合。

曲 22

祭路神歌

（风俗歌·堂祭·路祭）

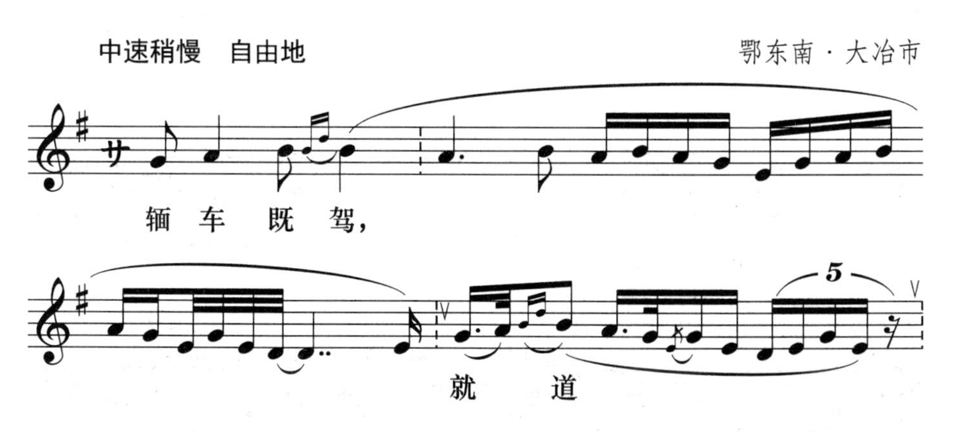

① 杨匡民. 中国民间歌曲集成·湖北卷［M］. 北京：人民音乐出版社，1988.

介 行 (嘞 嘿)，
素 车 (也) 白 马
(呃)，
路 绕 蜻 蜓(呐)，
(哎) 一 催 (的)
一 步 (哎)，
5
勿 怖 (呃)

（刘光祖 唱 刘厚长 戴 行 记）

2．五言体，即五字为一句的诗歌体

单一的五言体歌词结构在楚辞中较少见，常见的是四言为主，杂以五言。如下面摘自《天问》的句子，就是这种五言杂于四言之中的形式：

惟浇在户，何求于嫂？

何少康逐犬，而颠陨厥者？

女歧缝裳，而馆同爰止？

何颠易厥首，而亲以逢殆？

五言四句民歌，则为荆楚地区传统民歌的一大特色。这种五言四句民歌，不仅数量多，而且分布广。其常见的歌词句式以《一树樱桃花》为例：

一树樱桃花，开在岩脚下。
蜜蜂不来采，空开一树花。

在歌唱表演时，这种五言体歌词被处理为“二二一”节奏，并且常加有时值较长的衬词。现将《一树樱桃花》歌词在小节中的节奏列于下：

一树（哦）|樱桃（唉）|花（唉），|
开在（呀）|岩脚（哦）|下（唷）。|
蜜 —|蜂 —|不 —|来 —|采（唉），|
空开（唷）|一树（唉）|花（啰）。‖

3. 七言体，即七字为一句的诗歌体

七言四句为一首(或一段)的诗歌唐宋时期尤为盛行，七言诗体的节奏主要是“四三”型。楚辞中没有单一的七言体句式，只有七言句杂于其他言句之中的情况。例如《渔父》中就有这样的句子：“屈原曰：‘举世皆浊我独清，众人皆醉我独醒……’”

这种七言句式，在今天的民间歌曲中极为多见，故不专选荆楚民歌于此示范详述。

4. 九言体，即九言为一句的诗歌句式

九字句的诗词或歌词较少见，但一、二句九言词杂于其他言体诗歌中的情况还是存在的，不过，即使这样，在楚辞中仍很少见。《渔父》中有一个九言句，即“何不铺其糟而歠其醨”。

在荆楚民间歌曲中，较典型的九言体民歌有湖南的《唱土地》（送阳春土地)(曲 23)。其歌词结构为九字句与七字句交替的类型。①

曲 23

① 《中国民间歌曲集成》湖南卷编辑委员会. 中国民间歌曲集成 · 湖南卷（初稿）[M]. 1980.

下 田 层 到 上 田 层 (啦), 五 谷 丰 登
喜 盈 盈 (呃 嗨 嗨),
送 春 送 到
东 君 山 神 处, 山 神 土 地 就 保 东 君,
种 的(咯) 苞 谷 儿 像 牛 角 (呃) 种 的(咯) 红 苗
像 墩 坨, 一 锄(咯) 挖 得 八 九 个,
扯 的 扯, 拖 的 拖, 八 十(咯) 婆 婆(呃)
笑 呵 呵 (呃 呃)。

综合上述几种言体诗歌的音乐节奏，其基本节奏型的可能情况，似可归纳如下(指齐言诗歌，杂言体不在此列)：

四言体的基本节奏：

(1) $\frac{2}{4}$ X X | X X |，(2) $\frac{2}{4}$ $\underline{X\ X}$ $\underline{X\ X}$ |，

(3) $\frac{2}{4}$ $\underline{X}$ X. | $\underline{X}$ X. |，(4) $\frac{3}{4}$ X X X | X 0 0 |，

(5) $\frac{3}{8}$ $\underline{X\ \ X\ \ X}$ | X. |，(6) $\frac{3}{8}$ $\underline{X}$ X | $\underline{X}$ X |。

五言体的基本节奏：

(1) $\frac{2}{4}$ X X | X X | X - |，

(2) $\frac{2}{4}$ $\underline{X\ X}$ $\underline{X\ X}$ | X - |，

(3) $\frac{2}{4}$ $\underline{X}$ X. | $\underline{X}$ X. | X - |，

(4) $\frac{3}{8}$ $\underline{X}$ X | $\underline{X}$ X | X. |。

七言体的基本节奏：

(1) $\frac{2}{4}$ X X | X X | X X | X - |，

(2) $\frac{2}{4}$ $\underline{X\ \ X}$ $\underline{X\ \ X}$ | $\underline{X\ X}$ X |，

(3) $\frac{2}{4}$ $\underline{X}$ X. | $\underline{X}$ X. | $\underline{X\ X}$ X |，

(4) 3/4 XX XX XX | X - - |，

(5) 3/8 X X | X X | X X | X. |。

九言体的基本节奏：

(1) 2/4 X X | X X | X X | X X | X - |，

(2) 2/4 XX XX | XX XX | X - |，

(3) 4/4 X X. X X. | X X. X X. | X 0 0 0 |。

以上诸言体的基本节奏，是从荆楚民歌实际曲例中分析得到的。每一言体的音乐节奏，可能有偶数与奇数两种拍子，但偶数拍子往往是主要的。

二、特有言体

楚辞的特有言体包括六言体、五言体两种。凡句中带“兮”等助词的，属特有言体，具有楚辞的特色，四言体带“兮”的情况亦属此类。现分述于下：

1. 六言体

楚辞六言体结构为“三三”节奏，即“三(兮)三”型上下句式。《九歌》中的《山鬼》与《国殇》均为这种言体。例如《国殇》：“操吴戈兮被犀甲，车错毂兮短兵接。”全章都是“三(兮)三”的节奏。

六言体歌词，至今承袭于荆楚大地的传统民间歌曲之中。“我求神兮降自阳，阳魂升兮登天堂……”，曲例3《迎神诗》的歌词结构即为这种六言体类型。《奠茶歌》是与《迎神诗》同用于鄂东北大冶市民间“堂祭”仪式中的一首风俗歌，但已略施变化，采用的是“三(兮)三”

六言体与“四三”七言体交替的形式，其歌词如下(曲 24)：①

一奠茶兮茶芬芳，龙团雀舌味异常，

愿吾父/母兮来嗜此，嗜此庶几乐无疆。

二奠茶兮茶新鲜，习习清风达九天，

愿吾父/母兮来嗜此，嗜此庶几乐无边。

三奠茶兮茶满杯，青果黄芽瑞草贲，

愿吾父/母兮来嗜此，嗜此庶几乐悠哉。

曲 24

奠茶歌

（风俗歌・堂祭・夜祭）

① 杨匡民. 中国民间歌曲集成・湖北卷[M]. 北京：人民音乐出版社，1988.

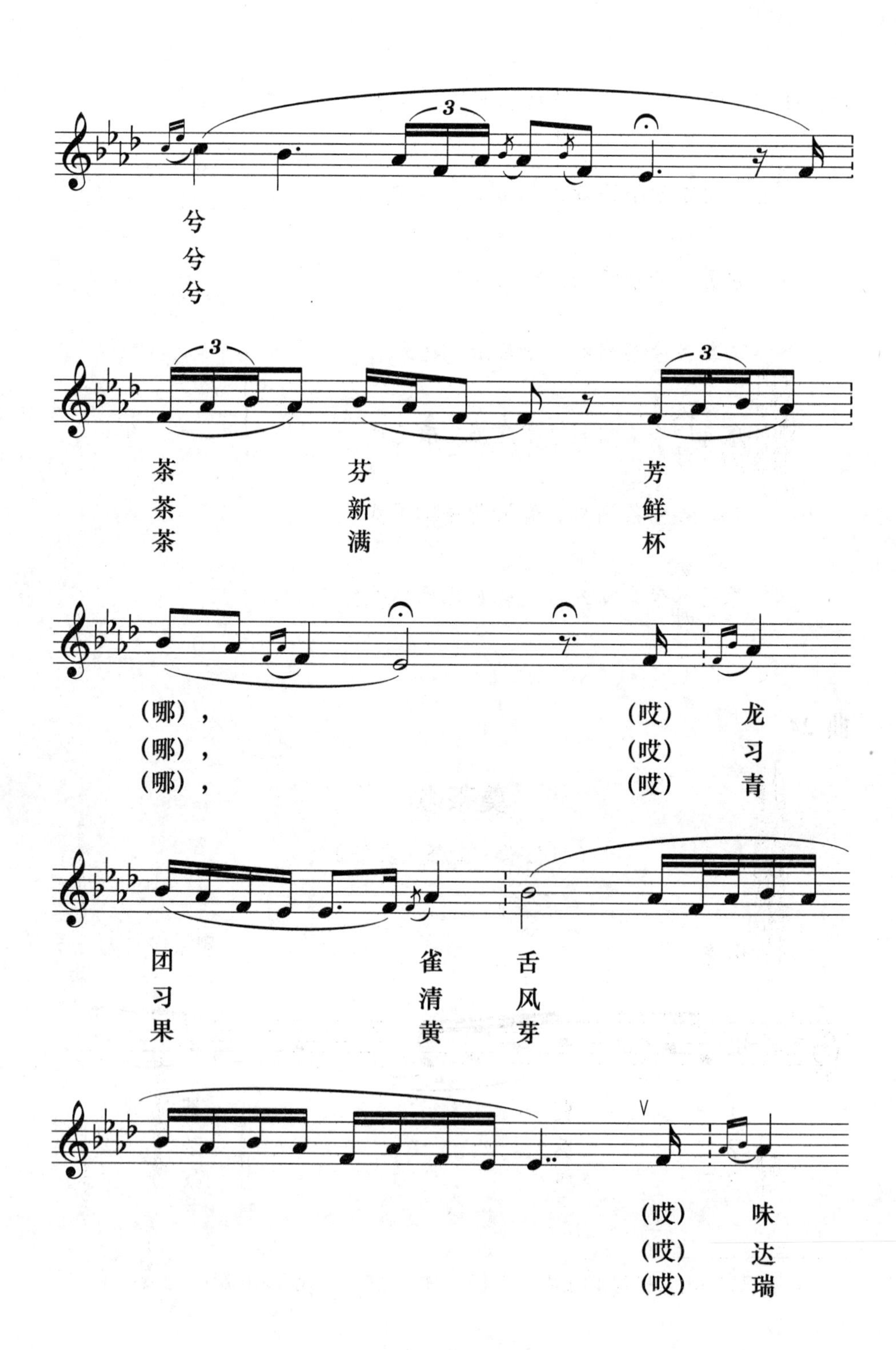
3
兮
兮
兮
3
3
茶 芬 芳
茶 新 鲜
茶 满 杯
(哪)，(哎) 龙
(哪)，(哎) 习
(哪)，(哎) 青
团 雀 舌
习 清 风
果 黄 芽
V
(哎) 味
(哎) 达
(哎) 瑞

异 常 （哎），（哎）
九 天 （哎），（哎）
草 蘼 （哎），（哎）
愿 吾 父（母） 兮
愿 吾 父（母） 兮
愿 吾 父（母） 兮
3
（你） 来 嗜
（你） 来 嗜
（你） 来 嗜
此（呀），
此（呀），
此（呀），
3
嗜 此 庶 几（呀） （是）
嗜 此 庶 几（呀） （是）
嗜 此 庶 几（呀） （是）

（刘光祖 唱 刘厚长 戴 行 记）

楚辞六言体中还有一种颇具特色的情况，即上句六言体为“三三(兮)”结构，下句六言则不带“兮”，为“三三”结构。这种句式除《离骚》之外，《九章》中的《惜诵》《涉江》《哀郢》等均为这种词体结构。例如《离骚》的第一段：

帝高阳之苗裔兮，朕皇考曰伯庸。
摄提贞于孟陬兮，惟庚寅吾以降。
……

这种词体结构在民间歌曲中袭用甚少，不过，像鄂东南大冶市流传的同用作“堂祭”仪式“夜祭”的最后一首歌《安神诗》，其言体句式结构可能是这种词体的变化结构。《安神诗》的歌词由《诗经・鲁颂・有驳》改编而成，其句式结构为两句六言加一个三言，再接一个五言句的形式。六言体结构的音乐节奏为三字各占一拍，然后用一个衬字拖腔(曲 25)。①

曲 25

安神诗

（风俗歌・堂祭・夜祭）

鄂东南・大冶市

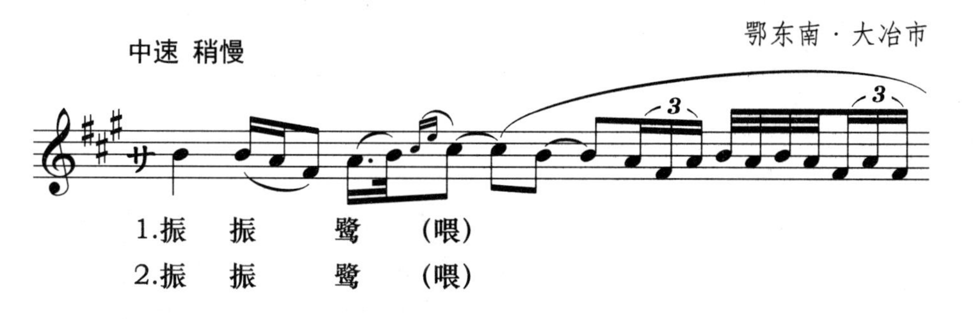

① 杨匡民. 中国民间歌曲集成・湖北卷[M]. 北京：人民音乐出版社，1988.

鹭 于 舞 (哎)，
鹭 于 飞 (哎)，
(哎) 鼓 咽
(哎) 鼓 咽
咽 (嘞)，
咽 (嘞)，
6
醉 言
醉 言
3
舞 (哇)，
归 (哇)，
于 需 乐 兮(呀)，
于 需 乐 兮(呀)，

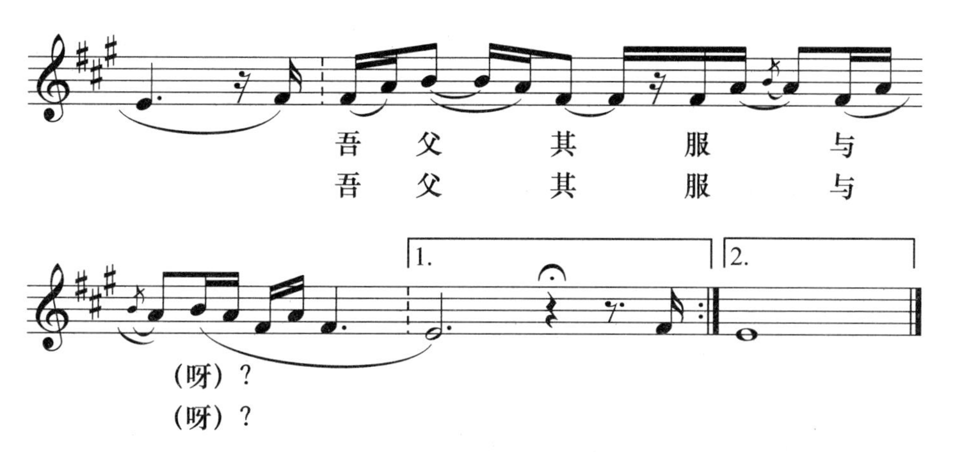

（刘光祖 唱　刘厚长 戴 行 记）

此外，楚辞中还有一种“四(兮)二”的六言体结构。

2. 五言体

楚辞五言体的结构为“三二”即“三(兮)二”节奏，这种言体以《九歌》中的《湘君》《湘夫人》为典型。如《湘君》：

君不行兮夷犹，蹇谁留兮中洲？

美要眇兮宜修，沛吾乘兮桂舟。

……

3. 四言体

楚辞带兮的四言体，也是很有特色的，其结构为“二二”即“二(兮)二”节奏。这在《九歌》中很多，如《少司命》：

秋兰兮麋芜，罗生兮堂下。

……

四言体的辞句也有“四(兮)四”的变体，此外，在“兮”字前后还有以不同的字数构成少数杂言体结构的，如“四(兮)六”。

楚辞“三三”言体，包括上述杂言体，十分适宜用鄂西土家族“摆手舞”的鼓点节奏配唱。下面以杂言体的词句配“摆手舞”的鼓点节奏，它不仅使歌词的文学形式具有音乐的节奏灵魂，并且充分显示出楚辞这种以奇数三个字为基本节奏的特点——三字组的结构形式与“三(兮)三”或“三(兮)二”等言体的音乐节奏特点。

$\frac{4}{4}$ 咚咚 咚咚 咚 咚 | 咚咚 咚咚 咚咚 |

《湘君》 君不行兮夷 犹， 蹇谁留兮 中洲？

《少司命》秋 兰兮麋 芜， 罗 生兮 堂下。

绿 叶兮素 枝， 芳菲菲兮 袭予。

夫 人兮自有美子， 荪何以兮 愁苦。

将上述楚辞六言体(即“三(兮)三”节奏)，配以湖北西南地区的“跳丧鼓”主腔“叫歌”的 $\frac{6}{8}$ 拍子节奏，也是非常适宜并颇显特色的。

$\frac{6}{8}$ 咚打打打 咚打打 | 咚打打打 咚打打 |

《离骚》 帝高阳之苗裔兮，朕皇考曰 伯庸。

摄提贞于孟陬兮，惟庚寅吾 以降。

“摆手舞”和“跳丧鼓”主腔的节奏型，都是荆楚特有并分布于传统性风俗舞蹈中的节奏形态，也可以说是先秦楚辞节奏的遗存。

综上所述，诗词言体作为与音乐节奏紧相联系的文学遗存形式，它直接反映出古代音乐节奏的基本特征。如果说《诗经》以二字四言偶声节拍为主，那么楚辞则以三字相连的三言奇声节拍为特色。楚辞的言体节奏是楚歌、楚乐、楚舞所特有的音乐节奏。通过前述荆楚故地——荆巴地区民歌节奏与楚辞言体特点的对照，可窥知荆楚民间古老歌种中遗存的楚辞音乐节奏的痕迹：

一是常将四言词处理为奇数三拍子，形成 X X X | X - - | 的节奏型。

二是使衬词在长音，实词却置于短音位置上，产生类似“候人兮猗”这种南土之音唱叹相间、情绪悠婉的艺术效果。将衬词置于切分音的长音位置，使旋律具有独特风格。

三是丧事风俗歌中，常直接选用楚辞句子或借用楚辞句法编创歌词，直接显现出楚辞的言体特点和音乐节奏特征。

第二节　楚辞曲体

楚辞言体保留着先秦楚声的基本节奏特点，楚辞结构，尤其是辞句间出现的“倡”“少歌”“乱”等术语，直接反映出荆楚先民歌乐舞活动中可能具备的曲体结构形式。

“乱，理也。所以发理词旨，总撮其要也。屈原舒肆愤懑，极意陈词，或去或留，文采纷毕。然后结括一言，以明所趣之志也。”汉代学者王逸在其《离骚注》中，即已注意楚辞用“乱”“以明所趣之志”和“文采纷毕”的特点，那么楚辞的“乱”在音乐上究竟具有什么样的艺术特征？是一种什么样的曲体因素呢？下面试选《怀沙》与《离骚》用“乱”的句子予以分析。

怀　沙

（前文词句结构基本相同，均为上下句。上句为“二二(兮)”四言体，下句基本上是五言体。原句从略）

……

进路北次兮，

日昧昧其将暮。

舒忧娱哀兮，

限之以大敌。

[乱曰]

浩浩沅湘，分流汩兮。

脩路幽蔽，道远忽兮。

怀质抱情，独无匹兮，

伯乐既没，骥焉程兮。

民生禀命，各有所错兮。

定心广志，余何畏惧兮。

曾伤爰哀，永叹喟兮。

世溷浊莫吾知，人心不可谓兮。

知死不可让，愿勿爱兮。

明告君子，吾将以为类兮。

从《怀沙》的词句结构来看，“乱曰”之前的“二二兮”四言上句与大致为五言体的下句结构，较为规整、统一，很可能是同一个曲调或相似乐句的多次反复。“乱曰”之后，其词句言体突然变化，句子结构与“乱曰”之前迥然有异。由此可知，其节奏、旋律定有新的变化、发展。应有相应的曲调，配以这一气呵成的长段歌词，将全曲推向高潮。

离　骚

（前文词句言体结构基本相同，此处从略）

……

陟升皇之赫戏兮，

忽临睨夫旧乡。

仆夫悲余马怀兮，

蜷局顾而不行。

[乱曰]

已矣哉！

国无人，莫我知兮，

又何怀乎故都？

既莫足与为美政兮，

吾将从彭咸之所居。

《离骚》全篇由93段词句构成，“乱曰”之前有词句92段，每段均为4行歌词的分节歌，其言体结构亦基本相同，具有相似的音乐节奏和乐句结构特点，应是相同曲调的多次重复运用。“乱曰”之后，虽最后4句的言体结构与前文基本一致，但其反映的内容与前不同，抒发的是作者内心的绝望之情。特别是“乱曰”之后，紧接着“已矣哉”这一虚词感叹句，它决定了“乱曰”之词与前92段的情绪差异。何况“已矣哉”三字一叹，不仅节奏形式与前文不同，从音乐旋律进行的角度来说，92次相似曲调的反复，全曲已给人稳定之感，忽此一叹，引出一种全新的节奏型，产生一种与前曲对比强烈的艺术效果，既增加了音乐艺术的表现力，也增强了歌词或即作者自身情绪的感染力，使音乐出现鲜明的高潮。

根据文献记载，“乱”是先秦时期我国音乐艺术的重要曲式。从《乐记》中有关武王伐纣的大型宫廷乐舞——《大武》的记载可知，“乱”的艺术表现手法在西周时期已经形成。① 西周宫廷的《大武》即两次运用“乱”：第一次是在第二成(即类似现代第二幕)的末尾，以反映武王灭商的胜利；第二次在第五成的中间，描述的是天下太平、周室兴盛。

---

① 杨荫浏. 中国古代音乐史稿[M]. 北京：人民音乐出版社，1964.

此外，据《论语·泰伯》记载，孔子闻《关雎》，曾有“师挚之始、《关雎》之乱，洋洋乎，盈耳哉”的感叹，可知“乱”具有极强的音乐表现力和感染力。楚辞中多次标注的“乱”“乱曰”，反映出这种音乐创作中的曲式因素，在荆楚歌乐舞艺术中已成为较为固定，有一定规范的重要形式。

关于“乱”的艺术手法，在今天荆巴地区的民间歌舞活动中，仍有遗踪。虽然时间的流逝，使“乱”的专名不复存在，但这种曲式因素仍可找到，其艺术效果仍可体验。

……

先民开疆辟业，

我民守土耕稼。

须要勤劳，

不要懒惰。

唱歌的二哥子，唱起来吧！

跳丧的老棺子，跳起来吧！

上面是荆楚《跳丧鼓》中“开堂”的歌词节选，后两句歌词的句法结构显然与前文有异，其音乐则无论节奏、旋律均有较为显著的变化，有与楚辞之“乱”相一致的特点。

从现存荆楚跳丧“活化石”音乐表现的形式来看，“乱”的因素处于全曲高潮之处，有歌词句法顿异，旋律节奏突变，乐曲速度忽改，音色运用特殊，以及舞蹈表现方式改变等特点。

《打单鼓》是鄂东南阳新县农民在山上、田间、堤上集体挖地、锄草、栽秧、修堤时唱的歌，它只用一个鼓伴奏，故名“打单鼓”①。打单鼓《望见关公托把刀》共分七番鼓，每番鼓的鼓点与唱腔均

① 杨匡民. 中国民间歌曲集成·湖北卷[M]. 北京：人民音乐出版社，1988.

不同，演唱时次序不可颠倒，但允许跳唱(曲 26)。其曲体结构如下：①

名称	音乐特点与表演情况
冷鼓	由慢到快，只击鼓无唱腔，直至众人，“哦火”声四起时，转入“打单鼓”正腔。
一番鼓（落田响）	每分钟 132 拍，$\frac{3}{4}$ 节拍，基本鼓点为：X 0 X | X 0 X | X 0 0 |
二番鼓（蛤蟆三咯嘴）	每分钟 144 拍，$\frac{3}{4}$ 节拍

曲 26

望见关公托把刀

（田歌·打单鼓）

鄂东南·阳新县

[冷鼓]稍慢[众人打哦火]

渐快

咚 咚 咚 咚 咚 咚 咚 咚 咚 咚 咚 咚 咚 咚 ‖

[众人打哦火] 咚 0 咚 嘟 咚 嘟 咚 咚 ‖

① 黄中骏.湖北民歌曲体结构与《楚辞》体式因素[J].文艺研究，1990(4).

[一番鼓]
快速
3/4 咚 0 嘟 | 咚 0 咚 | 嘟 0 咚 |
咚 咚咚 咚 咚 咚 | 0 咚 嘟 |
3/4 咚 0 嘟 | 咚 0 咚 | 嘟 0 0 |
（领）
望 （呃） 见 （唷 个） 关 公 （呀）
咚 0 嘟 | 咚 0 咚 | 嘟 0 0 |
（唷 哦 火 火 哦 火 嘿 呀）
咚 0 嘟 | 咚 0 咚 | 嘟 0 0 |
（帮）
（唷 哦 火 火 哦 火 嘿 呀）
咚 0 嘟 | 咚 0 咚 | 嘟 0 0 |
（领）
托 （呃） 把 （呃 柳） 刀，

咚 0 嘟 | 咚 0 咚 | 嘟 0 0 |
[日 (欧) 出 (唷 哦) 高 (呃)],
咚 咚咚咚 | 咚 0 咚 | 嘟 0 0 |
(接)
望 (呃) 见 (唷 个) 关公 (呀)
咚 0 嘟 | 咚 0 咚 | 嘟 0 0 |
托 (呃) 把 (呃 柳) 刀 (啊),
咚 0 嘟 | 咚 0 咚 | 嘟 0 0 |
(领)
进 (哪) 到 (呃 个) 华 容 (呃)
咚 0 嘟 | 咚 0 咚 | 嘟 0 0 |
(帮)
(唷 哦 火 啰 哦 火 嘿 呀)

咚 0 嘟 咚 0 咚 嘟 0 0
（唷 哦 火 啰 哦 火 嘿 呀）
咚 0 嘟 咚 0 咚 嘟 0 0
（领）
去 （呃） 挡 （呃） 曹 （呃）。
咚 0 嘟 咚 0 咚 嘟 0 0
[日 （欧） 出 （欧） 高 （啊）]
咚 0 嘟 咚 0 咚 嘟 0 0
（接）
望 （呃） 见 （呃） 关公 （呃）
咚 0 嘟 咚 0 咚 嘟 0 0
托 （呃） 把 （呃 柳） 刀，

咚 0 嘟 | 咚 0 咚 | 嘟 0 0 |
（领）
我 问 （啰） 关公 （嘞）
咚 0 嘟 | 咚 0 咚 | 嘟 0 0 |
往 何 （呃） 去 （啊）？
咚 0 嘟 | 咚 0 咚 | 嘟 0 0 |
（接）
进 （啦） 到 （啊） 华 容 （呃）
咚 0 嘟 | 咚 0 咚 | 嘟 0 0 ||
去 （呃） 挡 （啊） 曹。
[二番鼓]（蛤蟆三嗒嘴）
很快
3/4 嘟 嘟 咚 | 嘟 咚 咚 嘟 | 嘟 嘟 咚 |
嘟 咚 咚 嘟 | 嘟 咚 咚 嘟 | 咚 嘟 咚 咚 |

嘟 0 0
咚 嘟咚 嘟
咚 嘟 嘟
(呃)
望 见(那 个)关 公
咚 嘟咚 嘟
咚 嘟咚 嘟
咚 嘟 都
(帮)
(唷 火啰 火)(唷 火啰 火 嘿 呀)
咚 嘟 咚 嘟
咚 嘟 嘟
咚 嘟咚 嘟
(领)
托 把 (啊) 刀,
[日 出 (唷 火)高
咚 嘟 嘟
咚 嘟 咚 嘟
咚 嘟 嘟
(接)
(呃)]
望 见 (那 个)关 公
咚 嘟 咚 嘟
咚 嘟 嘟
咚 嘟咚 嘟
(领)
托 把 (呀 火) 刀,
进 到

咚 嘟 嘟 咚 嘟咚 嘟 咚 嘟 嘟
华 容 (唷 火啰 火 嘿 呀)
咚 嘟咚 嘟 咚 嘟 嘟 咚 嘟 咚 嘟
(帮)
(领)
(唷 火啰 火 嘿 呀) 去 挡(哦 哦 火)
咚 嘟 嘟 咚 嘟 咚 嘟 咚 嘟 嘟
曹 (呃), [日 出 (哦 火)高 (啊)]
咚 嘟 咚 嘟 咚 嘟 嘟 咚 嘟 咚 嘟
(接)
望 见 (那 个) 关 公 托 把 (呀 火)
咚 嘟 嘟 咚 嘟 咚 嘟 咚 嘟 嘟
(领)
刀, 我 问 (那), 关 公

咚 嘟 咚 嘟 咚 嘟 嘟 咚 嘟 咚 嘟
（接）
往 何（啊）处 去 （呀）， 进 到
咚 嘟 嘟 咚 嘟 咚 嘟 咚 0 0
华 容 去 挡（呵 火）曹。
[三番鼓]
极快
12/8 嘟 咚 嘟 咚 嘟. 咚. 嘟 咚 嘟 咚 嘟. 0.
（领）
望（呃）见（个）关公（呃）
嘟 咚 嘟 咚 嘟. 0. 嘟 咚 嘟 咚 咚. 0.
（帮）
（唷 火 咳 火 呀）（唷 哦 火 哦 嘿 啊
嘟 咚 嘟 咚 嘟. 0. 嘟 咚 嘟 咚 嘟. 0.
（领）
唷 火 嘿 呀）托 把 刀 （呃），

嘟咚嘟咚嘟. 0. 嘟 咚 嘟 咚 咚. 0.
（接）
[日 出 高 （呃）] 望（呃）见（个）关公（呃）
嘟咚嘟咚嘟. 0. 嘟 咚 嘟咚嘟. 0.
（领）
托 把 刀 （呃），进（啊）到 华容（啊）
嘟咚嘟咚嘟. 0. 嘟咚嘟咚嘟. 0.
（帮）
（唷 哦 咳 火 啊）（唷 哦 火 嘿 啦）
嘟咚嘟咚嘟. 0. 嘟 咚 嘟咚嘟. 0.
（领）
（唷 火 嘿 呀） 去（啊）挡 曹 （呃）。
嘟咚嘟咚嘟. 0. 嘟咚嘟咚咚. 0.
（接）
[日（啊）出（啊）高（啊）] 望（呃）见（个）关公（呃）

嘟 咚 嘟 咚 嘟. 0. | 嘟 咚 嘟 咚 嘟. 0.
（领）
托 把 刀（呃），我（呃）问（啊）关公（呃）
嘟 咚 嘟 咚 嘟. 0. | 嘟 咚 嘟 咚 咚. 0.
（接）
往 何 去（呃），进（啊）到 华容（呃）
嘟 咚 嘟 咚 嘟. 0.
去（啊）挡（啊）曹。
[四番鼓]（野鸡过畈）
快速
4/4 咚 嘟咚嘟 0 | 咚 嘟咚嘟 嘟咚 | 嘟 嘟咚嘟 0
咚 嘟咚嘟 0 | 咚 嘟咚嘟 0
（领）
望 见 关 公（嘿 啰 嘿 呀）
嘟 嘟咚嘟 0 | 嘟 嘟咚嘟 0
（帮）
（嘿 啰 嘿 呀）
（领）
托 把 刀（啊），

咚 嘟咚 嘟 0 | 咚 嘟咚 嘟 嘟咚
（接）
[日 出（啊）高 （哎）] 望 见 关 公
咚 嘟咚 嘟 0 | 咚 嘟咚 嘟 0
（领）
托 把 刀 （啊），进 到 华 容
咚 嘟咚 嘟 0 | 咚 嘟咚 嘟 0
（帮）
（嘿 啰 嘿 呀）（嘿 啰 嘿 呀）
咚 嘟咚 嘟 0 | 咚 嘟 咚 嘟 0
（领）
去 挡 曹 （呃），[日 出（啊）高 （呃）]
咚 嘟咚 嘟 嘟咚 | 嘟 嘟咚 咚 0
（接）
望 见 关 公 托 把 刀 （啊），

咚 嘟咚 嘟 0 | 咚 嘟咚 嘟 0 |
（领）
我 问 关 公 往 何 去 （呀）？
咚 嘟咚 嘟 嘟咚 | 嘟 嘟咚 嘟 0 ‖
（接）
进 到 华 容 去 挡 曹 （呃）。
[五番鼓]
很快
4/4 嘟 咚 嘟 0 | 嘟 咚 嘟 0 |
嘟 咚 嘟 咚 | 嘟 咚 嘟 0 |
嘟 咚 嘟 0 | 嘟 咚 嘟 0 |
（领）
望 见（啦） 关 公（啊）（嘿 啰 嘿 呀）
嘟 咚 嘟 0 | 嘟 咚 嘟 0 |
（帮） （领）
（嘿 啰 嘿 呀） 托 把 刀 （呃），

嘟 咚 嘟 0 嘟 咚 嘟 咚
(接)
[日 出(柳) 高 (啊)] 望 见 关 公
嘟 咚 嘟 0 嘟 咚 嘟 0
(领)
托 把 刀 (啊), 进 到 华 容
嘟 咚 嘟 0 嘟 咚 嘟 0
(帮)
(嘿 啰 嘿 呀) (嘿 啰 嘿 呀)
嘟 咚 嘟 咚 嘟 咚 嘟 0
(领)
去 挡 曹 (啊), [日 出(柳) 高 (啊)]
嘟 咚 嘟 咚 嘟 咚 嘟 0
(接)
望 见 关 公 托 把 刀 (啊),

嘟 咚 嘟 0 | 嘟 咚 嘟 0
（领）
我 问 关 公 往 何 去 （啊）？
嘟 咚 嘟 咚 | 嘟 咚 嘟 0
（接）
进 到 华 容 去 挡 曹 （啊）。
[六番鼓]
快速
4/4 嘟咚 嘟 嘟咚 嘟 | 嘟咚 嘟嘟 嘟咚 嘟嘟
嘟咚嘟 嘟咚嘟 | 嘟咚嘟 嘟咚嘟嘟 | 嘟咚嘟嘟嘟咚嘟
嘟咚嘟 嘟咚嘟 | 嘟咚嘟 嘟咚嘟
（领）
望 见 关 公（啊）（嘿 嘿 嘿 呀）
嘟咚嘟 嘟咚嘟 | 嘟咚嘟 嘟咚嘟
（帮）
（嘿 嘿 嘿 呀） 托 把 刀 （啊），

嘟咚嘟 嘟咚嘟 | 嘟咚嘟 嘟咚嘟
(接)
[日 出 高 (啊)] 望 见 关 公
嘟咚嘟 嘟咚嘟 | 嘟咚嘟 嘟咚嘟
(领)
托 把 刀 (啊), 进 到 华 容
嘟咚嘟 嘟咚嘟 | 嘟咚嘟 嘟咚嘟
(帮)
(嘿 嘿 嘿 呀) (嘿 嘿 嘿 呀)
嘟咚嘟咚嘟咚嘟 | 嘟咚嘟 嘟咚嘟
(领)
去 挡 曹 (呃), [日 出 高 (啊)]
嘟咚嘟 嘟咚嘟 | 嘟咚嘟 嘟咚嘟
(接)
望 见 关 公 托 把 刀 (啊),

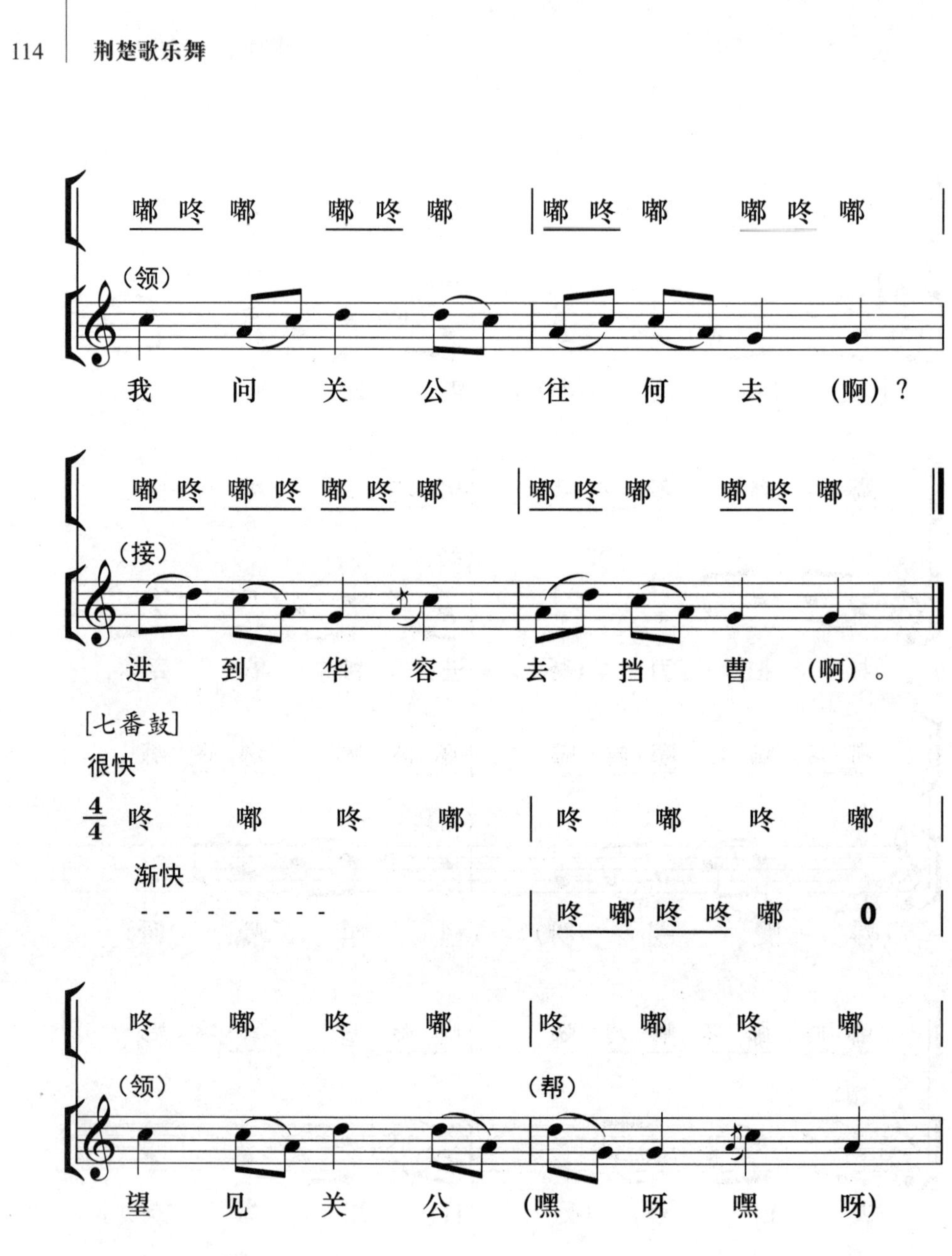

嘟咚嘟 嘟咚嘟 | 嘟咚嘟 嘟咚嘟 |
（领）
我 问 关 公 往 何 去 （啊）？
嘟咚嘟咚嘟咚嘟 | 嘟咚嘟 嘟咚嘟 ‖
（接）
进 到 华 容 去 挡 曹 （啊）。
[七番鼓]
很快
4/4 咚 嘟 咚 嘟 | 咚 嘟 咚 嘟 |
渐快
| 咚嘟咚咚嘟 0 |
咚 嘟 咚 嘟 | 咚 嘟 咚 嘟 |
（领）
（帮）
望 见 关 公 （嘿 呀 嘿 呀）

咚 嘟 咚 嘟 | 咚 嘟 咚 嘟 |
（领）
托 把 刀 （啊），[日 出 高 （啊）]

咚 嘟 咚 嘟 咚 嘟 咚 嘟
（接）
望 见 关 公 托 把 刀 （啊），
咚 嘟 咚 嘟 咚 嘟 咚 嘟
（领）
进 到 华 容 (嘿 啰 嘿 呀)
咚 嘟 咚 嘟 咚 嘟 咚 嘟
（帮）
（领）
(嘿 啰 嘿 呀) 去 挡 曹 （呃），
咚 嘟 咚 嘟 咚 嘟 咚 嘟
（接）
[日 出 高 （呃）] 望 见 关 公
咚 嘟 咚 嘟 咚 嘟 咚 嘟
（领）
托 把 刀 （啊）， 我 问 关 公

（程声龙 唱 舒琛珍 记）

	基本鼓点：X X X | X X X X |
三番鼓（赶黄莺）	每分钟 192 拍，$\frac{12}{8}$ 节拍
	基本鼓点：X X X X X. X. |
四番鼓（野鸡过畈）	每分钟 132 拍，$\frac{4}{4}$ 节拍
	基本鼓点：X X X X 0 |
五番鼓（鸡啄米）	每分钟 144 拍，$\frac{4}{4}$ 节拍
	基本鼓点：X X X 0 |
六番鼓（五龙盘珠）	每分钟 122 拍，$\frac{4}{4}$ 节拍
	基本鼓点：X X X X X X |
七番鼓（百鸟归林）	每分钟 108 拍— 168 拍，$\frac{4}{4}$ 节拍
	基本鼓点：X X X X |

《望见关公托把刀》的音乐由四部分构成，冷鼓是全曲的序，第一、第二番鼓为全曲的第一部分，第三番鼓速度极快，独自构成乐曲的第二部分。第四、第五、第六番鼓为《打单鼓》的第三部分。第七番鼓由 108 拍逐渐加快，掀起全曲高潮，具有总括全曲之效果，它是《打单鼓》的第四部分，与楚辞之“乱”有颇为相似的功能。

音乐史学家杨荫浏先生在《中国古代音乐史稿》一书中，曾对楚辞的“乱”作出推论，联系前文对楚辞言体的分析以及民间歌舞“活化石”中“乱”的遗痕，我们对荆楚歌乐舞中“乱”的音乐特点，有了新的认识，即：

其一，“乱”的词句有长有短，但其音乐具有自己独立、完整、主题鲜明的结构。其词总括全文，其曲突现高潮，将全曲推向顶峰的功能十分明显。

其二，大多数的“乱”，其词句言体结构与“乱”之前的多节、多段歌词比较，都有突出且突然的变化。与之相应，乐曲的旋律、节奏必有改变，进而使全曲的曲式结构变化、完善。

其三，作为乐曲高潮之所在的“乱”，除反映于歌词之上的结构长短、言体变化暨节奏变化之外，其他音乐艺术因素，如旋律、速度、音色等亦有对比性改变。

其四，“乱”不仅是一种单纯的音乐曲式形式，也是一种舞蹈表现形式。在多位一体的歌乐舞活动中，“乱”的歌(乐)曲与相应的舞蹈形式一致。

楚辞的曲式因素，除“乱”之外，还有“少歌”和“倡”。楚辞《抽思》同具“少歌”“倡”和“乱”这三种曲式因素，为研究楚辞曲体留下了十分宝贵的材料。

抽　思

1. 心郁郁之忧思兮，独永叹而增伤，

思蹇产之不释兮，曼遭夜之方长。

2. 悲秋风之动容兮，何回极之浮浮！

数惟荪之多怒兮，伤余心之懮懮。

3. 愿摇起而横奔兮，览民尤以自镇。

结微情以陈词兮，矫以遗夫美人。

4. 昔君与我诚言兮，日黄昏以为期，

羌中道而回畔兮，反既有此他志。

5. 憍吾以其美好兮，览余以其修姱，

与余言而不信兮，盖为余而造怒。

6. 愿承间而自察兮，心震悼而不敢，

悲夷犹而冀进兮，心怛伤之憺憺。

7. 兹历情以陈辞兮，荪佯聋而不闻，

固切人之不媚兮，众果以我为患。

8. 初吾所陈之耿著兮，岂至今其庸亡？

何独乐斯謇謇兮？愿荪美之可完。

9. 望三五以为像兮，指彭咸以为仪。

夫何极而不至兮？故远闻而难亏。

10. 善不由外来兮，名不可以虚作，

孰无施而有报兮？孰不实而有获？

［少歌］

11. 与美人抽怨兮，并日夜而无正，

憍吾以其美好兮，敖朕辞而不听。

［倡］

12. 有鸟自南兮，来集汉北，

好姱佳丽兮，牉独处此异域。

13. 既茕独而不群兮，又无良媒在其侧，
道卓远而日忘兮，愿自申而不得，
望北山而流涕兮，临流水而太息！
14. 望孟夏之短夜兮，何晦明之若岁，
惟郢路之辽远兮，魂一夕而九逝。
15. 曾不知路之曲直兮，南指月与列星，
愿径逝而不得兮，魂识路之营营。
16. 何灵魂之信直兮？人之心不与吾心同，
理弱而媒不通兮，尚不知余之从容。

[乱]

17. 长濑湍流，泝江潭兮，
狂顾南行，聊以娱心兮。
18. 轸石崴嵬，蹇吾愿兮，
超回志度，行隐进兮。
19. 低徊夷犹，宿北姑兮，
烦冤瞀容，实沛徂兮。
20. 愁叹苦神，灵遥思兮，
路远处幽，又无行媒兮。
21. 道思作颂，聊以自救兮，
忧心不遂，斯言谁告兮？

下面分析每一部分词句的言体结构，以窥其“少歌”“倡”以及“乱”可能具有的音乐结构特征。

“少歌”之前有 10 段歌词，上下句结构均由楚辞特有的“三三(兮)”六言体与普通的“三三”言体构成，其音乐似为一个曲调或于此

基础之上的10次重复。

“少歌”部分，即从第11段起，歌词的词句结构形式变化不大，言体节奏基本上与前文相同，但文中专门以“少歌”二字指明其与前10段的区别。这种区别在文学形式之上无所反映，可能主要体现在音乐或舞蹈表现形式的特殊要求上。这应如杨荫浏先生所言，“少歌”可能是需要两个结束段落的较大型曲式中，用于前一个小高峰之处的小结性曲式标记。[①]其音乐效果，应如《打单鼓》之第二部分，乐曲忽由$\frac{3}{4}$拍变为$\frac{12}{8}$拍，且速度极快。

从第12段开始为“倡”，共5段，除第13段歌词的言体结构有异外，后4段与“少歌”之前10段歌词的言体结构基本上相同。据此，“倡”可能有两种情况：其一，一个新的曲调开始反复运用，这是通过与前后词体结构相异的第12段歌词所产生的音乐效果；其二，原曲调经过“少歌”作结后，在标有“倡”的地方，通过一个乐段第12段的转折过渡，再次重复原来的曲调。无论哪种可能的情况，“倡”部分均使文思乐意有了进一步发展。

从第17段开始，乐曲进入“乱”，言体骤变，词激乐涌，五次反复，一气呵成，使乐曲达到最后总结性的大高潮。

通过分析楚辞的“少歌”“倡”“乱”等曲式因素，我们不难得知，先秦荆楚歌乐舞的音乐曲式已近完善，其曲体结构形式至少有如下几种：

其一，单一曲调的多次重复与简单变奏，这应是荆楚音乐中最为普遍的形式，源自沅湘民间的《九歌》即属此类(详下节)。

其二，一个或两个曲调的数次反复之后，以“乱”将乐曲形成高潮，前文提及的《离骚》《怀沙》即如此。

其三，兼用“少歌”“倡”“乱”等手法，形成多次高峰，前后几个曲调相连的大型套曲曲式。《抽思》的文学遗存，即为这种曲式可能性的直接明证。

---

① 杨荫浏.中国古代音乐史稿[M].北京：人民音乐出版社，1964.

此外，《招魂》还表现出楚辞所可能具有的另一种曲体结构形式：前有总起，后有总结，中间的曲调有十分明显的变化(详本章第四节)。

第三节 《九歌》与《孝祭》

一、《九歌》

“九歌者，屈原之所作也。昔楚南郢之邑，沅湘之间，其俗信鬼而好祀，其祠，必作歌乐鼓舞，以乐诸神。”①就当时的情况而言，《九歌》所记内容为南方民间歌舞活动，是由多个乐章构成的新型祭祀乐舞，或称为楚国新型郊祀诗舞乐。《九歌》由十余首歌曲相连一体，每首乐曲多取同一曲调反复或变化反复的手法，构成较为普遍的大型联曲体套曲曲式。每一乐章有其特有的内容与表演形式，有其相应的音乐节奏与速度。今按刘永济先生校释的《屈赋音注详解》，试将《九歌》诸章所可能具有的音乐节奏和歌舞形式，分析如下：

1. 东皇太一

序，始乐，迎神曲，五音繁会，缓节安歌。7个上下句，五言词体，即三(兮)二节奏。作为祭祀活动开始的迎神、享神、乐神之歌舞序曲，似为领舞、群舞相间，歌乐舞庄重而平和，速度略缓。

2. 云中君

迎祭云神，同为7个上下句，五言词体颇为齐整。以同一乐曲的多次反复，一写诚心迎神，二写云神飘忽不定。此章歌乐气氛活跃，舞蹈场面多变，节奏既飘逸而又富有律动感，仿佛云神来去飘忽无常，正有《离骚》所谓“怨灵修之浩荡”的感觉。

3. 湘君

祭歌，巫觋迎神，神终未降。19个上下句构成此章，词句以五言为

① 王逸. 楚辞章句[M]. 长沙：岳麓书社，1989.

主，杂有四言，即三(兮)二、二(兮)二节奏。迎神心情委婉曲折，并带缠绵之感。歌舞婉转感人，速度适中。

4. 湘夫人

巫者独唱祭歌而孤舞，以交神灵。20个上下句，五言为主，略渗四言词句。巫神交接，若隐若现，恍恍惚惚，若有若无，思深望切之情，成此奇幻之妙景。节奏稍快，旋律、舞姿生动优美。

5. 大司命

巫神离合，神高驰而不顾。14个上下句，五言与四言陈杂，即三(兮)二与二(兮)二节奏交合，速度多现变化，不甚稳定。

6. 少司命

双人舞对唱曲。巫神交融，表现今昔对比的悲观情绪。13个上下句四言、五言、六言等多种言体相杂，包括二(兮)二、三(兮)二、三(兮)三等节奏。一方面写巫之爱情始终不渝，另一方面表现神之待巫全无真心。两种情绪交织，"悲莫悲兮生别离，乐莫乐兮新相知"！速度、节奏当然起伏难定，词句结构更难强求统一，双人舞姿往来高下，奇幻飘逸。

7. 东君

祭祀太阳神的乐章。迎神歌舞与神降之威仪气氛相合，单人舞与集体舞相融。12个上下句四、五、六杂言体，以三(兮)二节奏为主，掺杂二(兮)二、三(兮)二节奏。縆瑟交鼓，箫钟摇虡，展诗会舞，应律合节，八音谐鸣，歌舞交融，盛况空前。此章速度稍快，场面热烈。

8. 河伯

巫迎神，愿与之游于九河。8个上下句与2个单句共为一乐章，词句先为五言体，后为六言体，其节奏不甚统一，词曲结构不甚规整。描述登昆仑、游九河，九河之风涛汹涌极其悲壮，洲渚之水澌纷流又极为苍凉。宏大、强烈、悲壮且苍凉，强烈的节奏与幽缓、恬静的乐意相交融，速度舒急相间，整个乐章以快为主，以宏大、强烈为主。

9. 山鬼

巫迎山鬼，鬼境凄苦幽寂。13 个上下句构成此章，六言体，三(兮)三节奏。山鬼容貌娇美，情思缠绵往复而悱恻动人。此章应为上一章之高潮后的归宿。

10. 礼魂

前九乐章的“乱辞”，虽文中未标以“乱”，但其词句结构变化颇大，不仅结构短小，全章仅由三个单句与一个上下句构成，而且其言体节奏一反前九章以五言为主、六言为辅的基本形式，改为四言体，二(兮)二节奏。从歌词内容及其所述情景亦可知有前述“乱”的曲式特点，是送神终曲。礼魂音乐歌舞热烈丰盛，愿神万古千秋长享此乐！终结曲，散板结束。

《九歌》诸章附此：

东皇太一

吉日兮辰良，穆将愉兮上皇。

抚长剑兮玉珥，璆锵鸣兮琳琅。

瑶席兮玉瑱，盍将把兮琼芳。

蕙肴蒸兮兰籍，奠桂酒兮椒浆。

扬枹兮拊鼓，疏缓节兮安歌，陈竽瑟兮浩倡。

灵偃蹇兮姣服，芳菲菲兮满堂。

五音纷兮繁会，君欣欣兮乐康。

云中君

浴兰汤兮沐芳，华采衣兮若英。

灵连蜷兮既留，烂昭昭兮未央。

蹇将憺兮寿宫，与日月兮齐光。

龙驾兮帝服，聊翱游兮周章。

灵皇皇兮既降，猋远举兮云中。
览冀州兮有余，横四海兮焉穷。
思夫君兮太息，极劳心兮忡忡。

湘　君

君不行兮夷犹，蹇谁留兮中洲？
美要眇兮宜修，沛吾乘兮桂舟。
令沅湘兮无波，使江水兮安流。
望夫君兮未来，吹参差兮谁思？
驾飞龙兮北征，邅吾道兮洞庭。
薜荔柏兮蕙绸，荪桡兮兰旌。
望涔阳兮极浦，横大江兮扬灵。
扬灵兮未极，女婵媛兮为余太息。
横流涕兮潺湲，隐思君兮悱恻。
桂櫂兮兰枻，斫冰兮积雪。
采薜荔兮水中，搴芙蓉兮木末。
心不同兮媒劳，恩不甚兮轻绝。
石濑兮浅浅，飞龙兮翩翩。
交不忠兮怨长，期不信兮告余以不闲！
朝骋骛兮江皋，夕弭节兮北渚。
鸟次兮屋上，水周兮堂下。
捐余玦兮江中，遗余佩兮澧浦。
采芳洲兮杜若，将以遗兮下女。
时不可兮再得，聊逍遥兮容与。

湘夫人

帝子降兮北渚，目眇眇兮愁予。

嫋嫋兮秋风，洞庭波兮木叶下。
登白薠兮骋望，与佳期兮夕张。
鸟何萃兮蘋中，罾何为兮木上？
沅有茝兮澧有兰，思公子兮未敢言。
荒忽兮远望，观流水兮潺湲。
麋何食兮庭中，蛟何为兮水裔？
朝驰余马兮江皋，夕济兮西澨。
闻佳人兮召予，将腾驾兮偕逝。
筑室兮水中，葺之兮荷盖。
荪壁兮紫坛，播芳椒兮成堂。
桂栋兮兰橑，辛夷楣兮药房。
罔薜荔兮为帷，擗蕙櫋兮既张。
白玉兮为镇，疏石兰兮为芳。
芷葺兮荷屋，缭之兮杜衡。
合百草兮实庭，建芳馨兮庑门。
九嶷缤兮并迎，灵之来兮如云。
捐余袂兮江中，遗余褋兮澧浦。
搴汀洲兮杜若，将以遗兮远者。
时不可兮骤得，聊逍遥兮容与。

大司命

广开兮天门，纷吾乘兮玄云。
令飘风兮先驱，使涷雨兮洒尘。
君回翔兮以下，逾空桑兮从女。
纷总总兮九州，何寿夭兮在予。
高飞兮安翔，乘清气兮御阴阳，
吾与君兮齐速，导帝之兮九坑。

灵衣兮被被，玉佩兮陆离，
一阴兮一阳，众莫知兮余所为。
折疏麻兮瑶华，将以遗兮离居。
老冉冉兮既极，不濅近兮愈疏。
乘龙兮辚辚，高驰兮冲天。
结桂枝兮延伫，羌愈思兮愁人。
愁人兮奈何，愿若今兮无亏。
固人命兮有当，孰离合兮可为。

少司命

秋兰兮麋芜，罗生兮堂下。
绿叶兮素枝，芳菲菲兮袭予。
夫人自有兮美子，荪何以兮愁苦?
秋兰兮青青，绿叶兮紫茎。
满堂兮美人，忽独与余兮目成。
入不言兮出不辞，乘回风兮载云旗。
悲莫悲兮生别离，乐莫乐兮新相知。
荷衣兮蕙带，倏而来兮忽而逝。
夕宿兮帝郊，君谁须兮云之际。
与女游兮九河，冲风至兮水扬波。
与女沐兮咸池，晞女发兮阳之阿。
望美人兮未来，临风怳兮浩歌。
孔盖兮翠旍，登九天兮抚彗星。
竦长剑兮拥幼艾，荪独宜兮为民正。

东　君

暾将出兮东方，照吾槛兮扶桑。

抚余马兮安驱，夜皎皎兮既明。
驾龙辀兮乘雷，载云旗兮委蛇。
长太息兮将上，心低徊兮顾怀。
羌声色兮娱人，观者憺兮忘归。
緪瑟兮交鼓，箫钟兮瑶簴。
鸣篪兮吹竽，思灵保兮贤姱。
翾飞兮翠曾，展诗兮会舞。
应律兮合节，灵之来兮蔽日。
青云衣兮白霓裳，举长矢兮射天狼。
操余弧兮反沦降，援北斗兮酌桂浆。
撰余辔兮高驰翔，杳冥冥兮以东行。

河　伯

与女游兮九河，冲风起兮横波。
乘水车兮荷盖，驾两龙兮骖螭。
登昆仑兮四望，心飞扬兮浩荡。
日将暮兮怅忘归，惟极浦兮寤怀。
鱼鳞屋兮龙堂，紫贝阙兮朱宫。
灵何为兮水中?
乘白鼋兮逐文鱼，与女游兮河之渚。
流澌纷兮将来下。
子交手兮东行，送美人兮南浦。
波滔滔兮来迎，鱼鄰鄰兮媵予。

山　鬼

若有人兮山之阿，被薜荔兮带女罗。

既含睇兮又宜笑，子慕予兮善窈窕。
乘赤豹兮从文狸，辛夷车兮结桂旗。
被石兰兮带杜衡，折芳馨兮遗所思。
余处幽篁兮终不见天，路险难兮独后来。
表独立兮山之上，云容容兮而在下。
杳冥冥兮羌昼晦，东风飘兮神灵雨。
留灵修兮憺忘归，岁既晏兮孰华予。
采三秀兮于山间，石磊磊兮葛蔓蔓。
怨公子兮怅忘归，君思我兮不得闲。
山中人兮芳杜若，饮石泉兮荫松柏。
君思我兮然疑作。
雷填填兮雨冥冥，猨啾啾兮狖夜鸣。
风飒飒兮木萧萧，思公子兮徒离忧。

礼　魂

成礼兮会鼓。
传芭兮代舞。
姱女倡兮容与。
春兰兮秋菊，长无绝兮终古！

二、《孝祭》

《孝祭》是鄂东北大冶市民间祭祀活动中演唱的一部联曲体风俗歌。[①]“孝祭”亦称“白喜祭”，是民间传统风俗活动——堂祭中的一种。虽然其具体的内容和歌舞艺术形态与先秦《九歌》不一定具有直接的联系，但作为荆楚地区传统民间祭祀活动，其文化背景、祭奠方式，

① 杨匡民. 中国民间歌曲集成·湖北卷[M]. 北京：人民音乐出版社，1988.

尤其是十余首歌曲构成的大型套曲曲式等歌舞艺术特点，均能为今人理解先秦荆楚巫音的特征与淫祀的气氛，全面诠释《九歌》的文化、艺术特点，提供直接的参证材料。

“孝祭”仪式可以在老人逝世并埋葬较长时间后举行，但一般情况下，多用于临葬的时候。它包括临葬前一天晚上举行的“夜祭”和次日上午举行的“路祭”，陈设有致，活动有序。“夜祭”时演唱《迎神诗》《蓼莪诗》《踏歌诗》《思慕词》《琼瑶诗》《伤心诗》《薤露诗》《侑食诗》《奠茶歌》《安神诗》10首歌曲，“路祭”过程中演唱《祭路神歌》《路祭诗》和《绕棺词》3首歌曲。这13首歌曲的旋律具有浓郁的地方特点，歌词具有传统的荆楚风格。表演时，随着仪式的进行和情绪的发展，演唱者歌随情移，乐应景变，不仅每首歌曲的速度、力度、节奏俱有变化，即使同一首歌曲诸段歌词的唱法，亦会情不自禁予以变通，极大地渲染着祭祀活动特有的气氛与效果。

下面将13首歌曲归之于特定的环境之中，以全面体察其艺术特点和祭奠效果。

1. 首先可以看看客观环境

“孝祭”仪式分室内的“夜祭”和室外的“路祭”，它们的摆设基本相同。略有所异的是：“路祭”需在室内诸“案”的基础上，增设“舆神路神案”，舆神即车神。其基本摆设如下：

(1)屋的上方设“三案”：

① 香案：在最前面，上面陈放烛台、香炉等器具，供献礼时烧香等用，案前的地下摆有跪垫1至3个；

② 中亭案：上放檀香炉等，炉内置有点燃的线香、檀木末等；

③ 灵案：上置灵牌或遗像，后置白孝帐，帐后摆棺木。

(2)屋的左方设“一案一所”：

① 大赞案：两张台子叠成，下为一方台，上为一边台或称条台，案上是“正叫礼”的座位；

② 陈设所：处于“大赞案”的上方，“三案”的旁边，上置鱼、

肉、酒、饭、香、纸、炮、蜡、茶具、酒具等，另外还放有“哀章”(即悼词)和“六所告文”等，由一执事管理此所。

(3)屋的右方：

① 设有“小赞案”，案上是“副叫礼”的座位；

② 设有“音乐处”，在“小赞案”的上方，“三案”的旁边，乃乐队奏乐的地方。

(4)左方墙上贴有“三所”：

① 盥洗所；

② 香帛所；

③ 茗献所。

(5)右方墙上也贴有“三所”：

① 酒樽所；

② 肴馔所；

③ 燎化所。

2. 其次，再看看参加“孝祭”活动的人物及其所司之职

(1)孝子、孝孙、亲属等孝眷，在白帐幕内围棺而坐。

(2)护丧生：1人，孝家总主办，引孝子进出，管理孝堂、执事等各项事务。

(3)叫礼：2人，一正一副，亦即“大赞”“小赞”，负责指挥整个“孝祭”仪式，包括歌乐活动的进行程序。

(4)歌童：2至6人，在“叫礼”的指挥下领唱祭歌和读“六所告文”等，兼做杂活。

(5)礼生：6至10人，分为两种：

① 引礼生：3至5人，在“叫礼”的指挥下，引导行礼。

② 随礼生：3至5人或更多，他们的任务是引导“歌童”一起演唱祭歌、念祭文和随“引礼生”至各处行礼。

(6)代奠生：3至5人，专门在“香案”前等处下跪、行礼。

(7)执事若干，负责杂务。

(8)年轻姑娘、嫂子等数人，在唱“奠茶歌”时，各人头顶茶盘献茶。

(9)乐手：4至10人左右，演奏唢呐、笛子、打击乐等。

3.最后，看看具体的仪式和表演的乐舞

先是“夜祭”，在晚饭后天黑之时开始：

(1)巡所：在“叫礼”指挥下，引礼生把所有参加祭祀活动的人引向屋内左右墙上的六所，按顺序，从左方的第一所“盥洗所”开始，巡至最后一所“燎化所”。每到一所，都要在念该所“告文”的同时，做各种相应的动作。从歌舞艺术的角度而言，巡所相当于序曲。《六所告文》如下：

盥洗所

恭祝致告，主祭盥洗，
束带撩衣，正冠纳履，
敬慎威仪，勿跛勿倚，
雍雍肃肃，跄跄跻跻。

香帛所

恭祝致告，香备帛齐，
龙涎荫福，鸡舌迷离，
仙人瑞鹤，彩结仙机，
神兮降临，穆穆棣棣。

茗献所

恭祝致告，茗献清芬，
仙人掌设，瑞草魁呈，
龙团解渴，雀舌生津，
雨前云雾，珠宝味歆。

酒樽所

恭祝致告，樽洁酒芳，
甲浮鸭绿，酌献鹅黄，
兕光清润，玉杯温良，
陈酒有卮，醴酒在堂。

肴馔所

恭祝致告，陈膳设肴，
宰彼刚烈，煮其柔毛，
美备士脍，味丰太牢，
六牲八物，燔炙炮炮。

燎化所

恭祝致告，燎化辉煌，
琉璃焰美，玛瑙生光，
珊瑚炫耀，琥珀异常，
景添绿阁，灿满孝堂。

(2)迎神：正式“夜祭”开始之前，先要把死者的亡魂从天上迎回来，因此“巡所”完毕后，“叫礼”就让“引礼生”将参加祭礼活动的人引向屋外，面向南方，按室内的队列站好，在歌童的领唱下，众人和唱“迎神诗”(详曲 3)：

我求神兮降自阳，阳魂升兮登天堂，
……

《迎神诗》唱完，全体活动者到“灵柩”前行跪拜礼，并献茗、请神喝茶。然后大家回到“香案”前，稍息，开始“三献礼”。

(3)三献礼：即连续进行三次献礼。每次献礼，均先行礼，再上香、加檀(往檀香炉内加檀木末)，然后上茶、敬酒三圈。每一献都上一道茶，下一献时要把上一献的酒、茶、菜等撤下，然后再献上。献礼过程中，每一次均需献“哀章”(即哀文)一首，唱祭歌两支：

第一献礼的第一首歌为《蓼莪诗》，歌词四段，出自《诗经·小雅·蓼莪》的第二章和第四章，旋律稍慢，节拍较自由(曲 27)。

曲 27

（刘光祖 唱 刘厚长 戴 行记）

第一献礼的第二首歌为《踏歌诗》（曲 28），中速，$\frac{4}{4}$拍。

曲 28

踏歌诗

（风俗歌·堂祭·夜祭）

中速　　　　鄂东南·大冶市

朝 骑 (哪) 鸾 凤 到 碧 (呀) 落(哇),
暮 见(哪) 桑 田 生 白 (呀) 波 (哎)
长 映 (呀) 明 晖 (呀) 在 空 (哎) 际 (呀),
金 银 (乃)宫 阙 高 嵯 峨 (外)。
仙 家 景 (乃), 仙 (乃) 家 乐 (外),
仙 家 之 乐
渐慢
乐 如(呀) 何 (外)。

(刘光祖 唱 刘厚长 戴 行 记)

第二献礼的第一支歌是《思慕词》(曲 29):

思音容，想音容，
思想音容泪蒙蒙，
(泪蒙蒙，)音容在眼中。
欲相逢是难逢，
除非纸上绘真容。

思笑颜，想笑颜，
思想笑颜泪涟涟，
(泪涟涟，)笑颜在耳边。
要相见是难见，
除非梦里会一面。

思所视，想所乐，
思想视乐痛难割，
(痛难割，)视乐就不可脱。
行其礼，奏其乐，
满堂儿孙是常思慕。

《思慕词》乐曲的速度适中，但据思念之情的发展，演唱时处理得稍自由。全曲以 $\frac{4}{4}$ 拍为主，杂有 $\frac{3}{4}$ 拍子和 $\frac{5}{4}$ 拍子。

曲29

思慕词

（风俗歌·堂祭·夜祭）

中速 稍自由

鄂东南·大冶市

难 (得) 逢 (哎),
除 非(那) 纸 上 (来) 绘 真 (哪) 容 (哎)。
(哎) 思 笑 颜,
想 笑 (外) 颜, 思 想 (这)笑 颜
泪 涟 (乃) 涟 (乃), 泪 涟 涟 (嘞), (哪)
笑 颜 在 耳 边 (乃)。 (哎 吁 呀)
(哎) 要 相 见 (乃) 是 难 (得) 见 (乃),

（你）除 非（哪）梦 里 （去）
（渐慢）
会 一 （呀） 面 （乃）。
（原速）
思 所视 （哎）， 想 所 乐 （外），
思 想 （哪）视 乐 （是）痛 难 （乃） 割，
痛 难 割 （喂），
视 乐 就 不 可 脱（外）。 （哎
嗟 外）， 行 其 礼（呀），

(刘光祖 唱 刘厚长 戴 行 记)

第二献礼的第二支歌，是《琼瑶诗》(曲 30)，散板、中速，吟咏婉转，“琼瑶阁上会神仙”。

曲 30

琼瑶诗

(风俗歌·堂祭·夜祭)

(刘光祖 唱 刘厚长 戴 行记)

第三献礼的第一首歌是《伤心诗》(曲 31):

曲 31

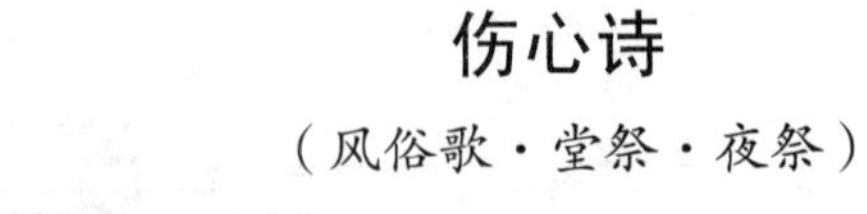

兮
兮
兮

（哎） 痛 伤 （哎）
（哎） 痛 哀 （哎）
（哎） 痛 甚 （哎）

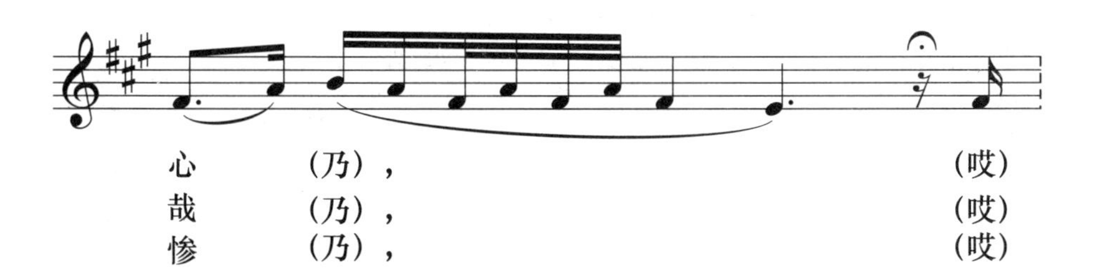
心 （乃）， （哎）
哉 （乃）， （哎）
惨 （乃）， （哎）

3
吾 父 （你） 何 故 （哎）
吾 父 （你） 何 故 （哎）
吾 父 （你） 何 故 （哎）

去 幽 冥（乃）？
去 瑶 台（乃）？
去 尘 凡（乃）？

(你) 往
(你) 往
(你) 往
日 (惹 你) 时 叫
日 (惹 你) 时 睡
日 (惹 你) 在 家
3
(你)
(你)
(你)
时 答 应(乃),(嗯)
时 又 醒(乃),(嗯)
常 照 管(乃),(嗯)
今 天 (你) 如 何 (哎) (你)
今 天 (你) 如 何 (哎) (你)
今 天 (你) 如 何 (哎) (你)

（刘光祖 唱 刘厚长 戴 行 记）

中速稍慢的旋律，较为自由的散板节奏，有效地烘托出丧家的哀心伤情。

第三献礼的第二首祭歌为《薤露诗》（曲 32），歌词从《乐府诗集》中《薤露》和《蒿里》的古辞脱化而来，旋律为 $\frac{4}{4}$ 拍，中速稍快。

至此，三献礼完毕，下一道仪式开始。

曲 32

薤露诗（歌）

（风俗歌·堂祭·夜祭）

鄂东南·大冶市

中速稍快

（刘光祖 唱 刘厚长 戴 行 记）

(4)用饭："三献"完后，众人再行礼，然后端上饭来，请亡魂用饭。中速自由地吟唱《侑食诗》(曲 33)。

曲 33

侑食诗（词）

（风俗歌·堂祭·夜祭）

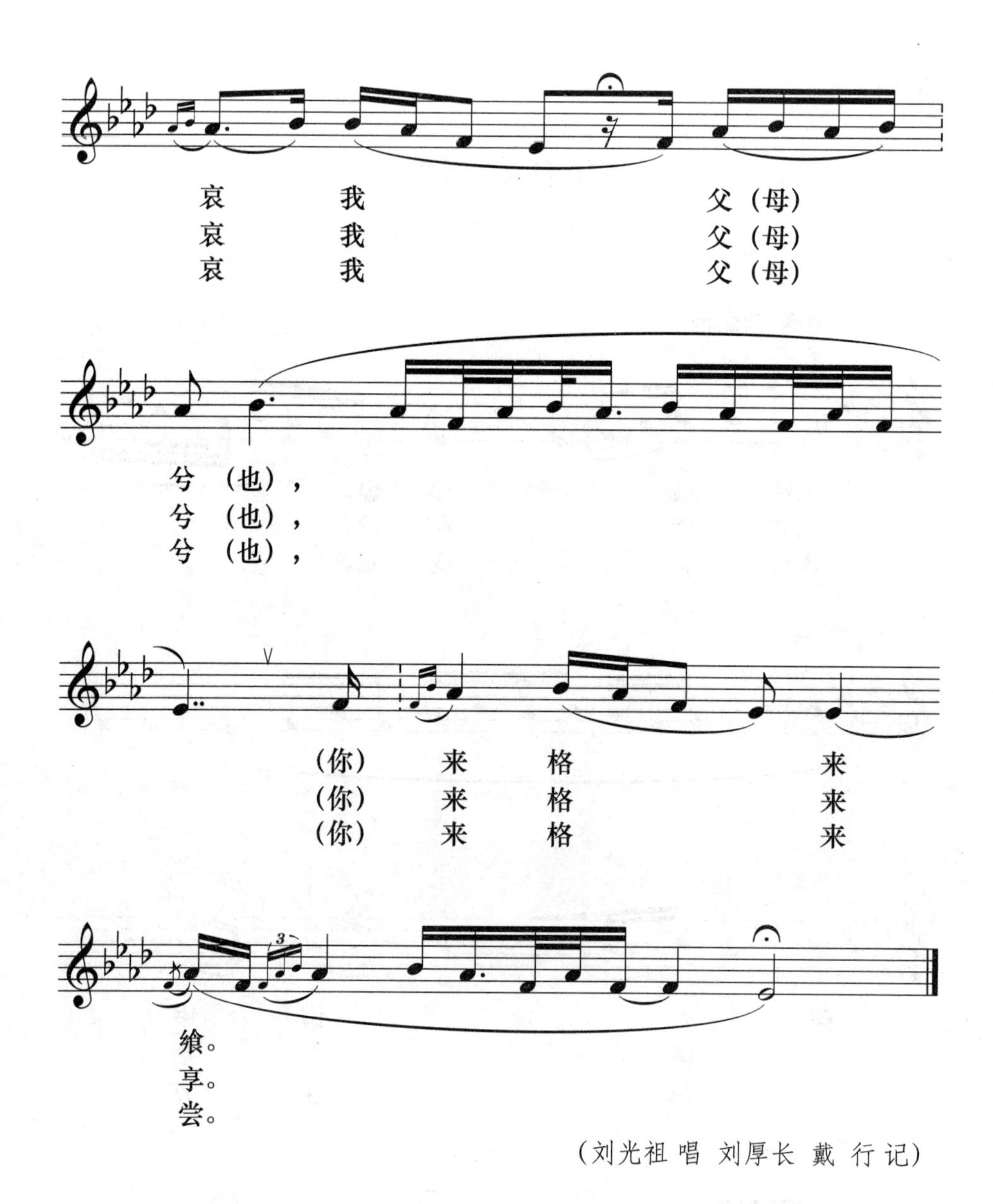

（刘光祖 唱 刘厚长 戴 行记）

(5)用茶：先“撤膳”——把饭食等撤下来，再行礼，中速演唱散板节拍的《奠茶歌》(详前文，曲 24)，请亡魂用茶。《奠茶歌》是整个“孝祭”过程中最热闹的一首歌。届时全村人围聚望奠茶，领唱者(多为歌童）领唱一句，接着插入锣鼓乐，在“短奠茶”的锣鼓声伴奏下，少则十个，多则数十个年轻妇女送茶上来，排成长队，绕堂屋中的香案等转动。“短奠茶”锣鼓点如下：

内内 内 |哐哐 内哐|内出 哐 |内 ○ ||

然后，大家和唱一句，锣鼓乐转接。“长棰”：

内内 内 |哐哐 内哐||: 内出 哐出 :||
哐哐 内哐|内出 哐 |内 ○ ||

上茶仪式毕，行礼，撤茗（即撤茶）。然后送神到“燎化所”，火焚财、帛、香、纸等。

（6）祝古安神：在“燎化所”燎化完毕后，转身来到“中亭案”，行礼，唱《安神诗》（详前文，曲25）。其曲中速稍慢，散板节拍，祝死者安神。

《安神诗》毕，“夜祭”活动结束。从第一首歌曲《迎神诗》的演唱过程中迎回的“神”（即父或母的“魂”），丰衣足食受尽礼待后，在《安神诗》的乐曲声中，安详休息。

夜祭次晨，于室外设案（在夜祭摆设基础上增“舆神路神案”），举行送“神”的“路祭”仪式。

“路祭”开始，行礼，于“舆神路神案”前，向二神献酒、肉、菜、饭、财、帛等。孝子、孝孙于《祭路神诗》的歌声中，行跪拜大礼。

辅车既驾，就道介行，
素车白马，路绕蜻蜓，
一傕一步，勿怖勿惊，
两祈神佑，护我先灵。

四言歌词、上下句结构，中速稍慢、散板自由，请路神护佑，请魂灵勿惊(详见曲 22)。

路神祭毕，再到“香案”(此时又称“行案”)前烧香，到“中亭案”加檀，到“行柩”(要启程的“灵柩”的称呼)前献酒、肉、饭、菜、财、帛等，再诵“哀章”，中速稍慢地吟唱《路祭诗》(曲 34)：

人生无百岁，百岁又如何？
古来英雄/贤淑辈，个个归山坷。

百匹已翩翩，有酒已盈樽，
祖钱如道左，祠上似精魂。

祭堂莫急慌，前路已康庄，
为乘白鹤去，无庸念归乡。

曲 34

路祭诗

（风俗歌·堂祭·路祭）

3
5
岁 (也),
翩 (也),
慌 (也),
(哎 那)
(哎 那)
(哎 那)
百 岁 又 如 何?
有 酒 已 盈 樽,
前 路 已 康 庄,
古 来
祖 钱
为 乘
3
(哎) 英 雄 辈 (也),
(哎) 如 道 左 (也),
(哎) 白 鹤 去 (也),
个 个 归 山
祠 上 似 精
无 庸 念 归

（刘光祖 唱 刘厚长 戴 行 记）

至此，“孝祭”仪式临近尾声，“灵柩”临行，众人撤膳，孝子、孝孙绕棺边转边哭，妇人则伏于棺木上痛哭。其他诸人手中各持一支香，在奠茶仪式中的那种“短奠茶”“长棰”等锣鼓声中，绕棺边转边唱《绕棺词》(曲 35)。

曲 35

绕棺词

（风俗歌·堂祭·路祭）

绕 棺 痛 哭 （外），
绕 棺 痛 心 （外），
绕 棺 泣 血 （外），
昔 也 （呀）
昔 也 （呀）
昔 也 （呀）
峨 冠 （嘞），（哎
束 带 （嘞），（哎
珠 履 （嘞），（哎
嘿） 今 也
嘿） 今 也
嘿） 今 也
6
麻 服 （喂），
麻 巾 （喂），
麻 屌 （喂），

(哎) 不 见 (乃)
(哎) 不 见 (乃)
(哎) 不 见 (乃)

我 父 (外)
我 父 (母)
我 父 (母)

(哎) 只 见 (乃) 棺 木,
(哎) 只 见 (乃) 此 灵,
(哎) 只 见 (乃) 吊 客,

(哎) 伤 心 (乃) (哎)
(哎) 伤 心 (乃) (哎)
(哎) 哀 哀 (乃) (哎)

痛 哉 (唷),
痛 哉 (唷),
我 父 (母)

(刘光祖 唱 刘厚长 戴 行 记)

绕棺完毕,奏大乐,鸣锣开道,抬棺木上山,送“神”而去。“路祭”完毕,整个“孝祭”活动也到此结束。

第四节 古今招魂

招魂,既是一项古老的巫术形式,也是一种传统的民间歌乐舞艺术活动。在先秦巫风盛行的楚国,招魂在民间有着完整的传统形式。在今天的荆巴方音区中,仍可寻觅这种招魂风俗的踪迹。本节将屈原《招魂》的乐舞艺术特征及其所反映的内容与荆巴民间招魂活动进行比较，以探求荆楚歌乐舞于古今招魂活动中的表现及其可能性传承与联系。

屈原的《招魂》是在民间文学艺术基础上的创造性运用。它由三大部分组成，前为引言，后为“乱辞”，中间是招魂的正文，其结构形式与楚辞中的其他作品都有差异。现将《招魂》辞句分段排列如下，文中(A_1) (B_1) 等符号，乃为便于后文分析而由笔者所加。

招　魂

(A) 朕幼清以廉洁兮，身服义而未沬；

主此盛德兮，牵于俗而芜秽。

上无所考此盛德兮，长离殃而愁苦。

(A_1) 帝告巫阳曰：

“有人在下，我欲辅之。

魂魄离散，汝筮予之！”

(A_2) 巫阳对曰：

“掌梦？上帝其命难从！

若必筮予之，

恐后不谢，

不能复用巫阳焉。”

(B) 乃下招曰：

“魂兮归来！

去君之恒干，何为四方些？

舍君之乐处，而离彼不祥些？”

（B_1）魂兮归来！

东方不可以托些！

长人千仞，惟魂是索些。

十日代出，流金铄石些。

彼皆习之，魂往必释些。

归来归来！

不可以托些！

（B_2）魂兮归来！

南方不可以止些！

雕题黑齿，得人肉以祀，以其骨为醢些。

蝮蛇蓁蓁，封狐千里些。

雄虺九首，往来倏忽，吞人以益其心些。

归来归来！

不可以久淫些。

（B_3）魂兮归来！

西方之害，流沙千里些；

旋入雷渊，靡散而不可以止些；

幸而得脱，其外旷宇些。

赤蚁若象，玄蜂若壶些。

五谷不生，藂菅是食些。

其土烂人，求水无所得些。

彷徉无所倚，广大无所极些。

归来归来，

往恐自遗贼些。

（B_4）魂兮归来！

北方不可以止些！

增冰峨峨，飞雪千里些。

归来归来，

不可以久些！

（B_5）魂兮归来！

君无上天些！

虎豹九关，啄害下人些。

一夫九首，拔木九千些。

豺狼从目，往来侁侁些；

悬人以娭，投之深渊些；

致命于帝，然后得瞑些。

归来归来！

往恐危身些！

（B_6）魂兮归来！

君无下此幽都些！

土伯九约，其角觺觺些。

敦脄血拇，逐人駓駓些。

参目虎首，其身若牛些。

此皆甘人，归来，恐自遗灾些！

（B_7）魂兮归来！

入修门些！

工祝招君，背行先些。

秦篝齐缕，郑绵络些。

招具该备，永啸呼些。

魂兮归来！

反故居些！

（C）天地四方，多贼奸些。

像设君室，静闲安些。

（C_1）高堂邃宇，槛层轩些。

层台累榭，临高山些。

网户朱缀，刻方连些。

冬有突厦，夏室寒些。

川谷径复，流潺湲些。

光风转蕙，氾崇兰些。

经堂入奥，朱尘筵些。

砥室翠翘，挂曲琼些。

翡翠珠被，烂齐光些。

蒻阿拂壁，罗帱张些。

纂组绮缟，结琦璜些。

室中之观，多珍怪些。

兰膏明烛，华容备些。

二八侍宿，射递代些。
九侯淑女，多迅众些。
盛鬋不同制，实满宫些。
容态好比，顺弥代些。
弱颜固植，謇其有意些。
姱容修态，絙洞房些。
蛾眉曼睩，目腾光些。
靡颜腻理，遗视矊些。
离榭修幕，侍君之闲些。

翡帷翠帐，饰高堂些。
红壁沙版，玄玉梁些。
仰观刻桷，画龙蛇些。
坐堂伏槛，临曲池些。
芙蓉始发，杂芰荷些。
紫茎屏风，文缘波些。
文异豹饰，侍陂陁些。
轩辌既低，步骑罗些。
兰薄户树，琼木篱些。
魂兮归来！何远为些？

（C_2）室家遂宗，食多方些。
稻粢穱麦，挐黄粱些。
大苦咸酸，辛甘行些。
肥牛之腱，臑若芳些。
和酸若苦，陈吴羹些。

胹鳖炮羔，有柘浆些。
鹄酸臇凫，煎鸿鸧些。
露鸡臛蠵，厉而不爽些。
粔籹蜜饵，有餦餭些。
瑶浆蜜勺，实羽觞些。
挫糟冻饮，酎清凉些。
华酌既陈，有琼浆些。
归来反故室！敬而无妨些。

（C_3）肴羞未通，女乐罗些。
陈钟按鼓，造新歌些。
涉江采菱，发扬荷些。
美人既醉，朱颜酡些。
娭光眇视，目曾波些。
被文服纤，丽而不奇些。
长发曼鬋，艳陆离些。
二八齐容，起郑舞些。
衽若交竿，抚案下些。
竽瑟狂会，搷鸣鼓些。
宫廷震惊，发激楚些。
吴歈蔡讴，奏大吕些。
士女杂坐，乱而不分些。
放陈组缨，班其相纷些。
郑魏妖玩，来杂陈些。
激楚之结，独秀先些。

菎蔽象棋，有六簙些。
分曹并进，遒相迫些。
成枭而牟，呼五白些。
晋制犀比，费白日些。
铿钟摇虡，揳梓瑟些。
娱酒不废，沈日夜些。
兰膏明烛，华灯错些。
结撰至思，兰芳假些。
人有所极，同心赋些。
酎饮尽欢，乐先故些。
魂兮归来！反故居些。

（D）[乱曰]

献岁发春兮，汩吾南征。
菉蘋齐叶兮，白芷生。
路贯庐江兮，左长薄。
倚沼畦瀛兮，遥望博。
青骊结驷兮，齐千乘。
悬火延起兮，玄颜烝。
步及骤处兮，诱骋先。
抑骛若通兮，引车右还。
与王趋梦兮，课后先。
君王亲发兮，惮青兕。
朱明承夜兮，时不可淹。
皋兰被径兮，斯路渐。
湛湛江水兮，上有枫。

目极千里兮，伤春心。

魂兮归来，哀江南！

从歌词内容、词句结构来看，屈原的《招魂》可分为三部分四个乐章。

引言，文中标A的诸段，巫阳与帝一问一答，以引出全曲。词句结构不甚规范，具有口语化宣叙调特点，间杂散行句，用以叙事。此为全曲之序曲部分。

《招魂》的正文由B和C两大段落构成，两个主题分别“外陈四方之恶，内崇楚国之美”，善与恶、美与丑对比，以诱招亡灵返其故居。其中B乐章可能是一个抒情的曲调，它通过“乃下招曰”，从引子序曲转入乐曲的第一乐章，经由主题或乐曲的六次反复或变奏，以使巫阳警告亡魂，无论东南西北，还是天上地下，均非可去之地，还是归来，回到自己的故居为好。从B乐章到C乐章，亦有一个四句歌词的过渡段。然后，巫阳把居处、饮食、歌舞、游戏等方面的情形排比、描述出来，从正面诱导亡魂。与此内容及词句结构相配的乐曲，应该以叙述性较强的旋律为主，其气势浩大、场面辉煌，节奏紧凑、速度较快，音响效果极佳。与B乐章的曲调相比，此章应有较为显著的差异。

与“引文”部分和“乱曰”部分相异，也是楚辞文学中于此仅见的一个特点，就是《招魂》正文的语气词以“些”代常用的“兮”。规整的词句结构和以“些”收声的特点，使《招魂》正文朗朗上口。据研究，“些”字的语气词特征，正是古代盛行于南方楚地之“巫音”的唯一重要的残存。①

“乱”即文中的D大段，通过对君臣野猎同乐之往事的回想，反托旧情如烟、云魂飘泊，只能召唤“魂兮归来”的悲哀情怀。其词句结构

① 马茂元. 楚辞选[M]. 北京：人民文学出版社，1958.

有变化，带“兮”的 14 个七字句一气呵成，将全曲推向高潮。最后休止数拍，再点明“魂兮归来，哀江南”的主题。如此遥远的想象，如此哀伤的情怀，其音乐必定有相应的深刻表现。

屈原的《招魂》，内容丰富奇诡，词句转折多变，情感真挚深沉，曲式复杂独特，具有极高的艺术性和思想性。

《荆州岁时记》载：“五月五日竞渡，俗为屈原投汨罗江日，伤其死，故命舟楫以拯之。”在屈原的故乡秭归，端午节之际，不仅要举行纪念屈原的龙舟竞渡，而且还保留着为屈原祭江、游江与高歌招魂曲的古老风俗。屈原为楚王招魂之乐声已化为千古绝响，屈原故乡人为屈原招魂的乐曲，却仍然萦绕在峡江之畔。

在秭归，五月初五“头端阳”时，即按楚俗开始龙船下水游江、祭江，为五月十三至十五的龙舟竞渡事先举行祭奠仪式。游江祭江时，备有管弦鼓乐的龙船在江心高奏乐曲，为首的一条龙船上的掌鼓人头披假发，扮作屈原之姊女嬃，边击鼓、边舞动身躯，以龙船曲音调高声吆喝“阿哥回！”(曲 36)并领唱《招魂曲》：

曲 36

（胡振浩 向玉魁 杜开国 唱 高 翔 记）

阿哥回！——阿哥回！——

三闾大夫听我讲，

你的魂魄不可向东方，

东方有魔鬼高数丈，

人到那里心受伤。

你的魂魄不可向西方，

西方有流沙万里长，

……

阿哥回！——阿哥回！——

一领众和，加上声声“阿哥回”，峡江两岸回响着阵阵招魂声，令人伤怀。据传屈原的姐姐女婴就是在这样悲切的招魂声中变为红嘴鸟，日夜啼鸣“阿哥回！阿哥回！”

龙船游江的《招魂曲》与屈原的《招魂》，内容相似。它由年长的艄工领唱，众人和声。所唱的音调，尤其是一领众和的招魂音调，保留着当地传统的羽调式带商的特色。在秭归及其四周诸县，从古代遗留下来的，最普遍的三声音列有两种，一是[sol la do]，另一为[la do re]。这一带地区的古老音调，凡是羽调式的旋律，大多以[la do re]为基调行腔。《招魂曲》的音阶简单，在[la do re mi sol la]五声音阶中，基本保留了[la do re]这种三音列原始性的结构特征。

领和相间，回声荡漾，充满乡土气息的招魂旋律悲切感人，极大地渲染了人们悼惜屈原的伤痛感情和祭江、招魂的悲怆气氛(曲 37)。

曲 37

(胡振浩 向玉魁 杜开国 唱 高 翔 记)

湖北鄂西的民间文学工作者蔡元亨先生，曾在当地民间收集到几组招魂词。显然，几千年的时光流逝，古今招魂词会有一定的演化，但对屈原《招魂》与仍流传的民间《招魂》形态的比较，亦可辨其源流。①

鄂西民间招魂仪式，完整地保留着荆巴古制。仪式开始，巫师做法事。法事完毕之后，占过卦，手拿灵旗，退行串花，把病人引到卧榻，让“魂”归窍，恰如屈原《招魂》中的“若必筮予之，背行先导”仪式。

鄂西民间《招魂》现存文字 94 行，全为俚语。首先，巫师向人们描述他在冥冥中看到出窍的惊魂，它胆怯地在四处转悠，多疑而爱使性子：

> 三阵阳风，三阵阴风，来到自己家园。
> 走到紫竹林边，那紫竹吹起箫管，
> 呜啦呜啦一吹，吓得那惊魂打几个蹿蹿，
> 吓得那惊魂出一身冷汗，颤颤巍巍来到墙边，
> 呛那黄狗叫声连连，不知是咒我，还是咒青天。
> 又走到猪圈边，小猪小不安，大猪大不安。
> 呛那砍脑壳的猪崽，不认得你的主人，
> 也记不得那潲桶圆圆？
> 那惊魂来到牛圈，只见牛角弯弯，
> 咜眼儿圆圆，犟头犟脑要把人剜。
> 慌忙中摸不着牛圈门闩，又摸不着使牛鞭。
> 走到屋檐口、阶沿沿。

① 蔡元亨. 从西组文化现象论巴楚文化同源同态关系中的文化差别和自然差别[C]. “巴文化研讨会”论文，1990.

只见那灯点得皇皇，火正在猛燃；
左邻右舍却木起个脸。
难道这不是我的家，不是我的园？
惨惨凄凄，凄凄惨惨，
呛那惊魂，又要飘散。

屈原的《招魂》是招亡魂，巫师只能遥向四方而呼。民间《招魂》多招惊魂，巫师以其高超的神性，可寻而视之。无论哪种目的，古今巫师均采用夹述夹议的方式，代述灵魂言行，描摹灵魂的情态。

徘徊拟归的惊魂此时产生误解，错误地使出性子，又要离去。于是巫师晓之以理，动之以情，呼唤惊魂回归：

忽听妻儿在喊，忽听神师在唤：魂魄啊，回来哟！
（亲人应答：回来嗒，回来嗒！）
呛那大火烤不干眼泪水吔，呛那大火能把你的雨水烤干。
你回来吔，回来哟！
（亲人应答，同前。后均略）
新衣、新帕、新鞋、新袜子，折得好好、糨得硬硬，
等你回来穿；蔬果茶食样样全。
有你常吃的好菜，有你爱吃的挂面、切面。
好菜千里都能闻到香，好面千里都把肚肠牵，
谁见了都会嘴馋。
给你冤鬼一碗，给你仇鬼一碗，
好说好讲：请它们不要紧纠缠。
就说：马等你回来铡草，牛等你回来使田。
回来吔，回来哟，（应答，略）。

灶背后就是你的潲桶，

大门外就是你的使牛鞭。

回来哟，鸡不再乱叫，

狗不会再乱咬，全家人也会心安！

不回来就算你讨贱！

与屈原的《招魂》相比，大有同工之处！一个以火塘青灯，一个用兰膏明烛；一个以粗茶淡饭，一个用吴羹煎鸿；一个是竹篱茅舍，一个是砥室翠翘；一个用妻儿呼唤，一个以九侯淑女迎侍。民间《招魂》中动人的细节，仿佛日常生活的再现，使人感到几千年来积淀的民族深厚的温情；屈原《招魂》中豪华的场面，则使人们分明感到，一个灾难深重的民族，志士仁人正为自己的国运呼唤！

屈原《招魂》语言辉煌，民间《招魂》俚语充斥；屈原《招魂》用豪奢的幻设，民间《招魂》则为朴素的实陈；屈原《招魂》中陈钟鼓、造新乐，起郑舞、发吴歈，以召亡魂归来，但最感人的仍是“激楚之结，独秀先些！”反映出楚歌乡音独具的魅力，饱含着祖国人民的眷眷之心！鄂西民间招魂仪式中，也有“打耍耍儿”“舞莲香”、歌二十四孝等古舞俗舞，但最动人的，却是每一次呼唤声后，紧跟的亲人应答——“回来嗒!回来嗒！”它洋溢着亲人的拳拳之情!

民间《招魂》用了“讨贱”一词，是亲人激励之词，体现出爱心之切。屈原《招魂》中，也有类似的激词：“去君之恒干，何为四方些？舍君之乐处，离彼不祥些？”这不是讨贱又是什么呢？!

古今《招魂》都以远域的险恶相警策，以可怕的神话世界和可爱的故国旧乡对比，达到亲人和魂魄在归来问题上的共识。民间《招魂》道：

六月日头毒，数九北风寒，
最经不住是清明节，你到处游、到处蹿。
经不住细雨绵绵，小则着凉打喷嚏，
大则染上风寒，你在哪里哼？
哪里喊？家里人喊不应，瞧不见。
回来啊，魂啊魂！（应答，略）
菜热了一道又一道，
“水饭”泼了一碗又一碗，回来哟，
你看看外面，天上下毒雨，下蛆！
地上爬毒虫，铺钉板；石压石，山挤山；
大风把树皮都刮翻，看你人往哪里钻！
回来哟，回来吔！（应答，略）
到处都有鬼来卡（脖子），哪里都有神来赶，
又是打雷，又是扯闪。
快飞过几架岭，快飞过几架山，
大大方方进屋，一头钻进热铺盖，
睡你的觉，打你的鼾。
睡个天圆地圆，睡个天宽地宽。

民间《招魂》的恐怖描写，是一个固陋封闭的民族对虚幻世界漫画式的想象，它与屈原《招魂》所陈四方之恶与所崇国内之美，在同态关系中有文化层次差异。

当然，正如前文所述，民间《招魂》由于历时性的演进，渗入了后来的“幽冥神系”，但这种增损也渗透后人的心理因素和理解模式，正为我们研究荆楚民间民俗艺术的演变提供了材料。

此外，民间《招魂》中那些表示愤懑和蔑视的语气词，如“呛”

“唁”等，它们至今还在当地民间对话中运用，与楚辞中的“羌”“謇”等发语词，大有“异字同工”的妙用。

可以说，屈原的《招魂》是民间招魂现象的文化升华，它招楚王之亡魂，是一首为楚人的国运、民生而呼唤的招魂歌，是荆楚招魂民俗的一种借喻。民间《招魂》把一个文化现象自然化，屈原《招魂》则将一个自然现象文化化。这就是古今招魂或即人类艺术发展过程中，民间传统与当代艺术借鉴、创造之间的基本关系。

在比较屈原《招魂》与鄂西民间《招魂》的文化渊源与形态同异之后，我们再看看荆楚腹地民间风俗活动中的招魂词表演。

“宜邑踵楚旧习，信鬼而尚巫，丧葬之仪，颇多出入，虽然土俗相沿，不可尽废也。”在上引《宜都县志·风土志·丧仪》所记载的仪式中，现今仍然遗存的有《丧鼓——绕棺游所》一类，流行于宜都市五眼泉、聂河一带，据宜都五眼泉《丧礼通三献仪节详注》记载，该仪式繁文缛节，程式众多，非一日所能毕之。下面介绍的有招魂词演唱的《绕棺游所》，以 20 世纪 80 年代初湖北民间歌曲普查时采录的活动情况为根据。

《绕棺游所》的音乐可分为四个部分，① 即：

第一，“设诸所”部分，相当于序曲，由大宗伯(司仪员)独自吟唱，间以唢呐齐奏“六字上句”②。

第二，大宗伯与小宗伯(副司仪员，由丧家总管兼任)相互吟诵、说明司乐所、香案所、魂魄所、沐浴所、梳妆所、冠带所、盥洗所、酒樽所、饮食所、起居所、灵寝所等 12 所安设就绪。吟诵中间，以唢呐齐奏“六字下句”“上字上句”“上字中句”“上字下句”“小红灯上句”“小莲花上句”“莲花瓣”“一反上字”“二反上字”“五反上

① 赵沨. 礼失求诸野——记李克昌同志采访的宜都丧礼音乐[J]. 音乐研究，1986(1).

② 曲牌名，下同。曲谱详杨匡民. 中国民间歌曲集成·湖北卷[M]. 北京：人民音乐出版社，1988：1174-1208.

字”等吹奏乐段。事毕，大宗伯诵曰：“乐人奏乐，发鼓三通。”在“三击鼓”之后，再令司号“吟声三降”。接着，在“作乐三宗”演奏“六上头”“六下头”“上下”后，“乐人频奏细乐”，引孝子于香案前就位，行请灵魂礼。由笛子、二胡等演奏的细乐，结束这一“乐章”。

第三，游诸所：这是丧礼活动的主体，也是音乐的中心乐章。每至诸所，发鼓、吟声、奏乐之后，大小宗伯在细乐声中，吟唱各所特有的“招魂词”，然后致“班歌”、诵“弁文”，如此反复。“招魂词”的旋律均为依字行腔的吟诵体，不少乐段大同小异，近乎同一曲调的多次反复。“班歌”的旋律亦为吟诵体，其后还有诵读的“弁文”，它们的词句结构与“招魂词”大异，颇有楚辞“乱”的因素和特点。

第四，撤诸所出殡：仍由大小宗伯相互吟唱，在中速的唢呐声中撤除12所，在中速稍快的乐曲声中成礼、出殡，结束全部音乐。

《绕棺游所》活动伴奏乐器包括大堂鼓、小堂鼓、单面钹、大锣、大唢呐、大号，以及演奏细乐的皮鼓、单面鼓、曲笛等。“招魂词”演唱于游诸所的仪式中，其基本音乐特点如前文所述，下面所附的，是每游一所的“招魂词”以及“班歌”“弁文”。

游魂魄所（曲 38）

孝子捧灵座（呃），伤心痛如何？

（我）寻亲亲不见（哪），先游魂魄所。

魂兮归来呀（啊），

去君之恒干（哪），何为四方些，

舍君之乐处（呃），而离彼不祥些（哟）。

魂兮呀归来呀（呃）。

曲 38

游魂魄所 · 小开门

（风俗歌 · 丧事歌 · 转丧歌）

鄂西南 · 宜都市

台 可 台 台
可 可 可
可 台 可 台
孝 子
捧
起 可 可
可 台 可 台
可 -
(呃 咳)伤 心
灵 座(呀),

可 台 可 台
起 可 可
可 台 可 台
(哪
咳) 痛 如 何?

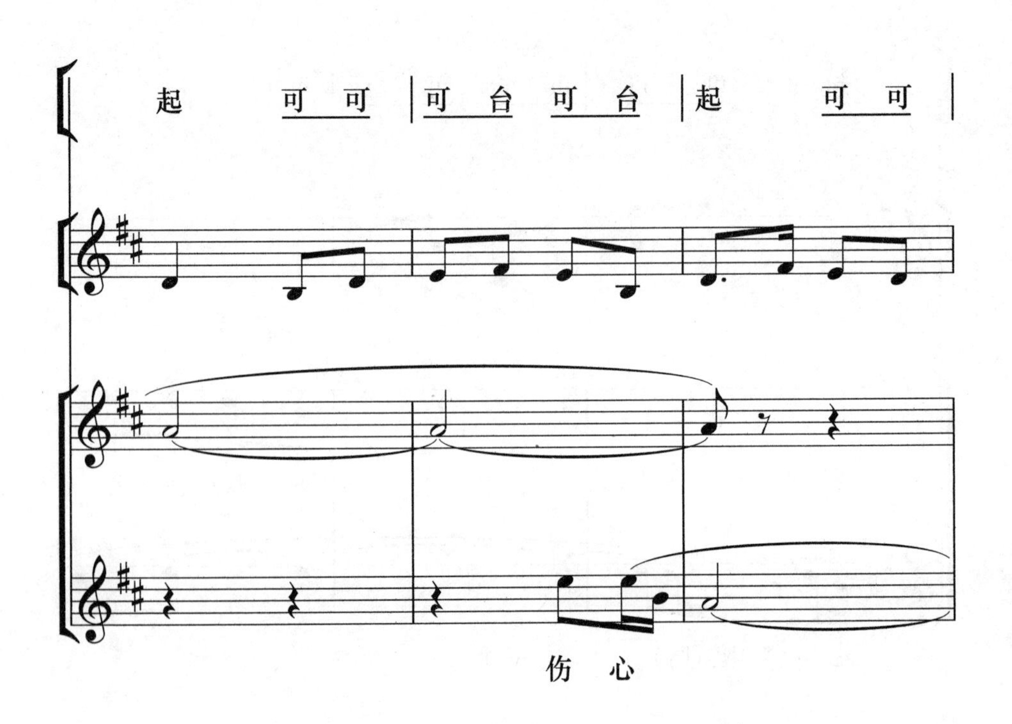
起 可 可
可 台 可 台
起 可 可
伤 心

可台 可台 起 可可 3/4 可台可台起
(我)寻 亲
(哼) 痛 如 何?

2/4 可可可台 可台 起 可可台可
(哼) 亲 不 见(哪

可 台 起
可 可 可 台
可 台 起
啊
呃），
寻 亲
（哼）

可 可 可 台
可 台 起 可 可
可 台 可
（啊）
先 游
亲 不 见（哪
呃），

起 可可 可台 可台 起 可可
魂 魄 所。

可台 可台 起 可可 台可 台台
先 游 魂 魄

起 可 可 可 台 可 台 起 可 可
(哦) 魂 兮 (火)
所。

可 台 可 台 起 可 可 可 台 可 台
归 来 (呀 啊),

起 可 可 可 台 可 台 起 可 可
魂 兮 归 来(呀),

可 台 可 台 起 可 可 可 台 可 台
(哦) 去 君 (哼) 之 恒 干 (哪),

起 可 可
可 台 可 台
起 可 可
去 君
可 台
起 台 起
可 台 台 可
何 为 (乎)
之 恒
干,

台 起
可 可 可 台
可 台 起 可
四 方
些,

可 台 可 台
可 台 起 可 可
可 台 可 台
何 为 (乎
乎) 四

起 可可 起台可台 可 —
(呃) 舍君
方 些，

可台可台 起 可可 可台可台
之乐处 (呃)，

起 可 可 可 台 可 台 起 可 可
舍 君 之 乐 处
可 台 可 台 起 可 可 可 台 可 台
而 离 彼
(呃),

起 可 可
可 台 可 台
起 可 可
不 祥
些（哟）。
而 离

可 台 可 台
起 可 可
可 台 可 台
彼
不 祥

起 可可 3/4 可台 可台 起 2/4 可 可 可 台
(哦) 魂 兮 (呀)
些。

可可 起 可可台可 台 起 起可台可
归 来 (呀
呃) 。
魂

(郑家怀 郑传渭 唱 易诗经 张国华 易诗文 奏 李克昌 记)

“班歌”（曲 39）

吁嗟兮，

蓼蓼者莪，

匪莪伊蒿，

哀哀父母，

生我劬劳。

“弁文”

（诵）呜呼！人之生也呀，魂魄交凝，人之殁也呀，魄降魂升，精气既散哪，游魂安凭，痛哉，椿容阿形与化乘，魂魄渺渺，声容无微，遗恨悠悠啊，血泪成冰，无父何怙啊，五内兮崩，反本致词，匍匐拊膺。

曲 39

（郑家怀 郑传渭 唱 易诗经 张国华 易诗文 奏 李克昌 记）

游沐浴所

魂魄所游过（呃），伤心痛如何，

寻亲亲不见（哪），再游沐浴所。

魂兮归来呀，东方不可以托些，

长人千仞（哪），惟魂是索些，

十日代出（呀），流金铄石些，

彼皆习之（呀），魂魄必释些，

归来（呀）归来（呀），不可以托些（呀）。

“弁文”

（诵）呜呼！唯沐与浴，去垢洁身，汤盘有铭哪，义取日新，涤污以水呀，拭秽以巾，请沃请盥哪，子道夙申，严容存曰啊，捧盘以巡哪，惨弃人间哪，盂器堂存，物是人非呀，穷于见闻，悲思泣血，怅望蹙颦。

游梳妆所

沐浴所游过（呀），相思痛如何，

寻亲亲不见（哪），再游梳妆所（也）。

魂兮归来呀（呃），南方不可以止些，

雕题呀（也）黑齿呀（呃），得人肉以祀呀，

以其骨为醢些（呀），蝮蛇蓁蓁呀，

封狐千里些（呀），雄虺九首呀（呃），
往来倏，忽呀哟，吞人以益其心些（呀），
归来归来呀（哟），不可以（呀）久淫些（呀），
魂兮（呀咳）归来呀（哟）。

“班歌”

（唱）吁嗟兮呃，缾之罄矣，维罍之耻。鲜民之生，不如死之久矣。无父何怙呃，无母何恃。出则衔恤呀，入则靡至。

“弁文”

（诵）呜呼！宝镜高悬哪，服饰精洁，上衣下裳啊，左提右挈呀，江湘绣帐呀，笥箧弗绝，篦梳钗钏哪，妆台齐列，东阁兴悲呀，萱草忽折，生我劬劳，恩爱亲切，不见不闻哪，幽服长隔，啜其泣矣，滴泪成血呀。

游冠带所

梳妆所游过（呀），相思痛如何，
寻亲亲不见（哪），再游冠带所（哟），
魂兮归来呀（呃），
西方之害呀（呃），流沙千里些（哟），
旋入雷渊呀（呃），靡散而不可止些（呀），
幸而得脱呀（呃），其外旷宇些（呀），
赤蚁若象呀，玄蜂若壶些（哟），
五谷（呃咳）不生呀（呃），藂菅是食些（哟），
其土（哇）烂人呀（呃），求水（呀咳）无所得些（哟），
彷徉无所倚呀（呃），广大（呃）无所（呀）极些（呀），
归来呀（哈）归来呀（呃），恐自遗贼些（呀哈），
魂兮归来呀（呃）。

“班歌”

（唱）吁嗟兮呃，父兮生我，母兮鞠我。

拊我畜我，长我育我。顾我复我，出入腹我。

欲报之德，昊天罔极。

“弁文”

（诵）呜呼！衣以障身，冠隆无首呃，创始缝裳，利用永久呃，冕哻葛裘呃，与时为偶，有頍者弁呃，丝衣其麻，新沐必弹哪，濯居浣后呃，痛严容兮呀，忽呃阳九，文绣虽具呀，谁曳以娄，列箧哭陈哪，憾属乌有哇。

游盥洗所

冠带所游过（呀），相思痛如何，

寻亲亲不见（哪），再游盥洗所（哟）。

魂兮归来呀（呃），北方不可以止些（哟），

增冰峨峨呀（呃），飞雪咳千里些（哟），

归来呀归来呀（呃），不可以久些呀，

魂兮呀（咳）归来呀（呃）。

“班歌”

（唱）吁嗟兮呃，南山烈烈，飘风发发。

民莫不谷呀，我独何害也。

吁嗟兮呃，南山律律，飘风弗弗呃。

民莫不谷，我独不卒。

“弁文”

（诵）呜呼！五方求遍哪，一念感通啊，归如得得，行应匆匆，蒙犯霜露呃，劳攘风尘哪，清靧弗事呃，涤垢无因，捧盘致敬

哪，授巾告虔，冠弹盥洗呀，灵升堂前哪，事死如生哪，莫敢遑处，折赐格歆哪，安享樽俎。

……

接下去再游“酒樽所”“饮食所”“起居所”“灵寝所”，其词此略。下面所附的，是诸所游毕，“招魂词”唱完，在仪式的尾声，即《绕棺游所》音乐的最后一个“乐章”中吟诵的词句：

祭　杠

“茅沙词”

（诵）青茅缩酒，赞予降神，神彝尚飨，香彝克诚，茅神茅神，为神至尊，受亲友之奠，呜呼吾母，无不思怜，神既醉止，钟鼓送斯，逍遥上天，请行。乐人奏乐，八音合作，震动天地，鞭炮齐响。

出　殡

“出殡文”

（诵）琳琅震响，天地开张，老君辞下，不可停丧；玉皇辞下，并无出丧，太岁当头立，诸煞不可当，凶星并恶煞，个个息消亡，诸士三千将，雷神百万兵，虎光照世界，驱邪化灰尘，当恣亡过保棺中，跌寿瘟神显考郑厚高老大人生魂大门入，死魂大门出，发寝。

出殡时，“出殡文”可不诵，而代之以“发引文”。其词如下：

痛惟我父，倏忽遐逝，终天永诀，幽明异地，卜兹良辰，迁柩就舆，灵扬高驾，泉路驰驱，引系左右，易惊易悖，绋执前后，以妥以慰，蒿里悲歌，薤露泣滴，哭别车前潸焉出涕。发引。

第五章　楚歌和声

和声而歌，踏节而舞，这是荆楚歌乐舞艺术的重要特点。文献记载如此，民俗“活化石”如此；古代如此，今天仍如此。这种表演形式，赋予了荆楚歌乐舞经久不衰的社会基础，同时，也赋予了它在中国歌乐舞发展史中屡现异彩的艺术活力。

第一节　郢都和歌

郢，乃先秦楚国的都城。据文献记载，先秦时期，楚都郢城俗曲盛行，和声歌唱的表演形式十分普及。

“客有歌于郢中者，其始曰《下里》《巴人》，国中属而和者数千人。其为《阳阿》《薤露》，国中属而和者数百人。其为《阳春》《白雪》，国中属而和者不过数十人。引商刻羽，杂以流徵，国中属而和者不过数人而已。”上引《文选·宋玉对楚王问》说明了“曲高和寡”的哲理。从中可知，和声而歌，已成为虽楚王亦熟知的歌曲演唱形式，民间的普遍性和典型性更当不问可明。

将文献记载的和声歌唱形式，与相应的民间传说联系，并与荆巴方音区中传统民歌的和声演唱特点对照，可知古代荆楚“和声”一词相似于传统民间音乐中的演唱术语——帮腔，即你唱我和，一领众和。

综观而论，荆楚和声似可分作如下四种形式，即：

(1)常见衬语气助词以和声；

(2)重复歌词句末的几个字以和声；

(3)《竹枝词》类，即用相对固定但虚词化了的实词以和声；

(4)穿歌子体，即以相对独立的两首歌曲，运用特定的和唱方法，处理成一首新的、完整的穿歌子体民歌来表演。

这四种形式中，和唱表演的破字方法、和句长短等方面颇有差异，但以字(词、句)和声歌唱的形式均相一致。因此，本书借用“竹枝”一词，将这四种和声演唱的歌曲统称为“竹枝体”民歌。其中，第三种形式——《竹枝词》类和声法是其典型形式，其他三种和声方法，无非是和唱字句的增减与破字位置的变化。

文学方面的和声，多指诗词上的附加吟诵词字。作为诗词本身的结构来说，附加的和声词(字)，是不被视作其结构中的一部分而予考究的。例如“竹枝词”七言诗，其和声“竹枝”“女儿”即不在诗歌言体结构部分之中。当然，这是“竹枝体”民歌发展过程中的一个重要文学特点(详论见本章第四节)，但从音乐艺术的角度而言，无论和词形式如何，它本身也应是诗词吟唱中的重要成分，是整首乐曲中不可忽略的内容。因此，本书论及的楚歌和声，不仅仅限于诗词的和声字(词)，更包括和声歌唱的音乐效果。

我们认为，劳动号子应是和声方法的起源之一。《淮南子·道应训》：“今夫举大木者，前呼邪许，后亦应之。此举重劝力之歌也。”前呼者即一人领唱；后应者，是众劳动者的和声。这种方式在集体劳动中出现，可使劳作者行动一致、提高效率，并避免发生事故。久而久之，劳作歌曲保留了一人领唱、众人和声以回应的形式，并逐步渗透至劳动生产之外的其他歌舞活动之中，发展为大众喜闻乐见、十分熟悉、具有浓郁生活气息的表演艺术形式，从而造就了荆楚歌舞活动的重要艺术特点。

以统一步调的劳作呼唤声，到特定的表演艺术形式，和声歌唱的词字，有着由随意到固定，甚至与诗词内容脱节，成为类似“曲牌”名称的发展过程；和声演唱的方法，也有从简单到复杂，乃至“引商刻羽”和者仅数人的发展趋向。这种发展，使源于民间的乡土艺术得以规范，在大众化、通俗化的基础上，艺术性不断增强。使荆楚竹枝体民歌品种丰富，形态多样，渊远流长。

从《文选·宋玉对楚王问》的记载可知，楚歌和声的艺术形式早在先秦时期即已形成，并风行郢都。它不仅为我们提供了荆楚歌曲和声演唱的历史材料，同时，也为人们了解楚国下层人民的歌乐舞活动提供了重要的文献史料。

第二节 《下里》《巴人》

"客有歌于郢中者，其始曰《下里》《巴人》，国中属而和者数千人……"文献中，"客""郢中""《下里》《巴人》""和者数千人"等文字，十分引人注意。

一般认为，《下里》《巴人》当是先秦时期楚国或紧邻楚国居于长江中游偏上古巴人居住地区流传的民族民间歌曲。文献中，关于歌唱者相对于楚郢都居民的异乡人——"客"的身份，记载得十分清楚。然而，正是异乡(甚至异族)客人歌唱的异乡(亦甚至是异族)民歌，楚都"国中"人不仅能属而和之，而且是和者最盛，多达数千人。此外，从客人"始歌"即唱"下里巴人"的记载分析，该曲应是歌者最熟悉的歌曲，也应是听众喜闻熟知、最易和唱的民歌。这些情况表明，歌客可能是异族巴人，而且先秦时期，巴人土著乐舞对楚国艺术，尤其是民间艺术影响极大，巴、楚乐舞具有传统的内在联系。而这种文化兼蓄、混融，恰如本书第一章所言，正是先秦楚声特色之所在，也是数千年来荆楚歌乐舞艺术强大生命力之所在。同时它还反映出现代荆巴地方传统音调特色区在先秦时期的渊源关系。

众所周知，中国文化在商周之际，经历了巫官文化向史官文化发展的历史变更，西周时期，中原统治者制礼作乐、明分等级，将中国奴隶社会推向历史顶峰。楚人则正是在这一历史时期，在这样的文化传统中立国，楚诸侯国歌乐舞正是在这样的艺术氛围中发展。值得庆幸的是，荆楚歌乐舞艺术未僵化于西周礼乐制度之中，也未拘泥南方民族土著艺术的原始形态，而选择了广吸养料于蛮夷民间艺术，融南北文化于一体的发展道路。

我们认为，荆楚艺术在先秦时期，存在宫廷贵族艺术和乡野民间乐舞之别，具有礼制性艺术和娱乐性乐舞之分。《下里》《巴人》和者最众，反映出楚国自由民较多的社会结构、楚国民族民间艺术的丰富多样以及荆楚乐舞和声演唱的艺术特点。同时它更说明，民间艺术当时已成为楚国歌乐舞文化的重要组成部分，而且直接影响到楚国宫廷艺术的发展，成为荆楚歌乐舞艺术独具风姿数千年的社会基础和艺术渊源。

有一则《楚客与〈下里巴人〉的传说》，描绘着异乡客人与江汉渔家姑娘为郢都国人纵歌乡音俚曲的情景。[①]虽然传说将《下里》《巴人》合作一首歌曲的名称，但这并不影响传说所反映的内容和艺术特点。

（楚客）喂，哪嗬喂，哪哦嘞……
（少女）喂，哪嗬喂，哪哦嘞……
（领唱）下里巴人，
（众和）苦恼儿喂，
（领唱）日出而作，
（众和）溜溜地嗨哟。

（领唱）忍饥扛锄，
（众和）苦恼儿喂，
（领唱）哼声回程，
（众和）溜溜地嗨哟。

四字一句，和以“苦恼儿喂”四字一句，再和以“溜溜地嗨哟”如此反复，领唱者唱出了庶民的辛酸，众和声则道出了世间的不平！《下里》《巴人》、民歌俗曲、地方音调、和声形式，赋予了荆楚歌乐舞艺术极大的艺术感染力和生命力。

---

① 王德埙. 楚客与《下里巴人》的传说[J]. 山东歌声，1982(1).

第三节　荆楚西声

荆楚西声，也称“西曲歌”，它是江汉地区荆楚歌舞艺术在中国乐舞文化史上的又一次集中发展和典型反映。和声歌唱，正是其重要的艺术特征之一。

东晋、南北朝时期，清商乐这一承袭汉魏相和诸曲传统，吸收民间地方音乐的“俗乐”勃然兴起，并受到当时及隋唐统治者的重视，认为“清乐者，九代之遗声”[①]是“华夏正声”。清商乐即包括源于江汉地区的荆楚西声——西曲歌。西曲歌与出自江南，并也为清商乐之重要组成部分的吴歌一样，是当时中原文化与长江中下游地区传统地方歌乐舞艺术又一次大混融、大发展的文化结晶。

“高祖讨淮汉，世宗定寿春，收其声伎。江左所传中原旧曲……及江南吴歌，荆楚西声，总谓清商。”[②]《古今乐录》称：“西曲出自荆、郢、樊、邓之间。”因其方位而俗称之“西曲”。它盛行于约公元6世纪前后的齐梁时代，流传于以荆州为中心的长江流域中游湖北一带。

“西曲歌有《石城乐》《乌夜啼》《莫愁乐》等三十四曲”，[③]应系当时荆楚民间歌曲经乐工伶人采录、整理并归入清商曲辞而载入史籍。其诗词今存于《乐府诗集》，曲谱少有留存，仅有者，则见于琴歌(曲)之中，或为后人仿作。

西曲歌是东晋、南北朝时期政治、经济、文化于荆楚地区音乐艺术中的直接反映。其时，中原地区王朝更迭频繁，北方人口大规模南迁，从而客观上促进了长江流域经济的发展和南北文化的融合。商业的繁盛、生产的发展以及历史悠久的民间歌舞土壤，孕育了西

---

① 杜佑.通典[M].北京：中华书局，1984.
② 魏书[M].北京：中华书局，1974.
③ 释智匠.古今乐录[M].清光绪九年刻本.

曲歌这一多以水边船上为背景，以离情思念为主题的荆楚歌乐舞艺术品种。

载于《乐府诗集》的西曲歌有《石城乐》《乌夜啼》《莫愁乐》《估客乐》《襄阳乐》《三洲歌》《采桑度》《襄阳蹋铜蹄》《江陵乐》《青骢白马》《共戏乐》《安东平》《那呵滩》《孟珠》《医乐》《寿阳乐》等，它们不仅是和声歌唱的乐曲，同时也是和声踏节的舞曲。

“前世乐饮，酒酣必起自舞……汉武帝乐饮，长沙定王舞又是也。魏、晋以来，尤重以舞相属，所属者代起舞，犹若饮酒，以杯相属也。”《宋书·乐志》记载了宫廷舞风盛浓的传统及属而代舞的表演形式。西曲歌则反映出南北朝时期荆楚民间歌舞盛行的史实：

不复出场戏，踶场生青草。
试作两三回，踶场方就好。
……

由《江陵乐》等西曲歌的内容可知，集体踏节歌舞，当时已成荆楚民间艺术生活中的主要形式之一。女子也能参加舞蹈，而且歌舞活动还有专门的场地。

从先秦经秦汉到南北朝，荆楚歌舞的表演形式也在不断地发展，楚歌和声的传统形式仍在，基本特点仍存，但它亦有变异和发展，送声、倚声等新的和歌演唱方法已形成或被采用。

一般而言，乐歌每终一曲，再复和以它词，谓之送声。它与和声一样，同为歌曲表演的一种方式和方法，可能是和声形式的变异性发展或某一种(类)和声形式的专称。倚声则略异于和声与送声，除具有依声而歌的表演方式含义外，它还具有依声作歌的创作歌曲方法的含义。

《西乌夜飞》是一首西曲歌，《古今乐录》载：此曲为宋元徽五年(公元 477 年)，荆州刺史沈攸作。又云：歌和云：“白日落西山，还去来。”送声云：“折翅鸟，飞何处，被弹归。”这里，称前面的和唱为“送声”，后面的和唱为“和声”。其形式如下：

阳春二三月，诸花尽芳盛。[白日落西山，还去来。]
持底唤欢来，花笑莺歌咏。[折翅鸟，飞何处，被弹归。]

《乐府诗集》卷四五记载：“《子夜恋歌》，前作‘持子’送，后作‘欢娱我’送。”于此，前后和唱，均记作“送声”。形式如下：

岁月如流迈，[持子]，行已及素秋，[欢娱我]。
蟋蟀吟堂前，[持子]，惆怅使侬愁，[欢娱我]。

西曲《三洲歌》，据《乐府诗集》，“歌和云，‘三洲断江口，水从窈窕河旁流。欢将乐，共来长相思’”。这样，《三洲歌》只有“和声”，可能在每节之后和唱。

由是可知，西曲歌的和声与送声，用字不限，称谓也不固定。此外，以和声词命歌名的方法似乎已见雏形。除上述《三洲歌》有和词“三洲断江口”的情况外，《古今乐录》还称，“歌毕则呼‘欢闻不’以为送声”，其歌其曲因而有《欢闻不》之名。其具体形式如下：

遥遥天无柱，流飘萍无根。
单身如萤火，持底报郎恩。[欢闻不？]

南北朝乐府，将《女儿子》列为西曲，《女儿子》产生于“巴东”，即今四川东部的巫山县。这样，西曲歌的源传地，又向西扩展至巴渝地区，恰好覆盖今天的荆巴方音区。

《唱起山歌送情郎》(曲 40)是鄂西南利川县民间流传的一首送和

体歌舞曲。这首歌词的主词由女声演唱，歌词为“太阳出来四山黄，唱个山歌送情郎”。其中衬词有三种：一是“红花对牡丹，一把红扇子”，二是“绣球花儿圆，拉住郎腰带”，三是“问郎几时来”。此时男声唱曰：“今天不得空，我明天要砍柴，后天才到小妹儿山上来。”一共四个层次的唱词配合跳花灯舞，每一层次的唱词均有相应的舞姿和表情，生动活泼，效果极佳。

曲 40

“江南吴歌，荆楚西声”，史籍中吴歌与西曲常相提并论。它们作为长江流域的两种地域性音乐艺术，有没有各自的特点呢？

既然相提并论，吴歌、西曲就必有差异。其实，古代文献在并提二者的同时，即已注意其各自的特点。《古今乐录》云：“其声节送和与吴歌亦异，故因其方俗而谓之西曲云。”《晋书·乐志》云：“吴歌杂曲，并出江南。东晋以来稍有增广……始皆徒歌，既而被之管弦。盖自永嘉渡江之后，下及梁、陈，咸都建业，吴声歌曲起于此也。”《古今乐录》还载：“吴声歌旧器有篪、箜篌、琵琶，今有笙、筝……”

综观文献记载，分析相关歌词，结合现存的民间歌乐舞“活化石”，吴歌、西曲各自的艺术特点似大致如下：

(1)吴歌重歌，西曲歌乐舞俱重。按，先秦时，吴越音乐即以“吟”的演唱方式见于文献；

(2)从徒歌到备以管弦，吴歌注重的仍是吟和曲的旋律，以歌为主，少有舞蹈相配；西曲则歌舞相随，乐器以鼓为主，注重节奏；

(3)西曲的“声节送和”主要是单曲内的“穿句”结构，并且变化多端，十分复杂，联曲结构则与后世的唐宋大曲相似；吴歌的“声节送和”，则为句末曲腔结构的和声、送声，正如后世的江南小曲、丝竹之乐，曲牌联缀较为丰富；

(4)西曲较多反映水边、船头的离情；吴歌则充满家庭儿女的风味。

西曲与吴歌，既有个性特点，也有共性特色。它们的主人公，一个住在江之西的长江头，一方住在江之东的长江尾，地域相连，水系相通，使其地方传统音调有色彩邻近的关系。唐代刘禹锡即将西曲地区的竹枝歌与吴歌比较，于其《刘宾客集》中指出：“聆其音，中黄钟之羽，卒章激讦如吴声。”（一作“其音协黄钟羽，末如吴声”）

《月儿弯弯照九州》一般被视作吴歌的遗声(曲 41)，据传这首歌最早见于南宋赵彦卫的《云麓漫钞》，后被选入《明清民歌时调集》，它出自宋建炎(高宗)年间，诉说民间离乱之苦。

《石榴开花朵朵红》则是流行于荆巴区西侧的古老风俗歌(曲 42)，它与《月儿弯弯照九州》的音乐形态颇有相同之处。现代荆巴区民歌音调与吴音区民歌音调，在徵声和徵调式、羽声及羽调式等方面，也有南音艺术的共同特征。

曲 41

月儿弯弯照九州

江苏民歌

州，　几　家　哟　欢　乐
州，　几　家　哟　欢　乐
几　家　愁？　几　家
几　家　愁？　几　家
高　楼　饮　美　酒，
夫　妇　同　罗　帐，
几　家　哟　流　浪
多　少　飘　零
在　外　头。
在　外　头！

曲 42

石榴开花朵朵红

（风俗歌·婚事歌·陪十弟兄·开台歌）

（代友桃 唱 文世昌 记）

第四节 竹枝踏歌

唐宋时期，楚歌和声的传统艺术形式，又一次得到整理、规范与发展，形成了以《竹枝词》为典范的和声踏歌形式，产生了巨大的艺术效应，并引起了深远的历史反响。

刘禹锡《竹枝词》序云："四方之歌，异音而同乐。岁正月，余来建平(今四川省巫山县)，里中儿联歌《竹枝》，吹短笛击鼓以赴节，歌者扬袂睢舞，以曲多为贤。聆其音，中黄钟之羽；卒章激讦如吴声，虽伧佇不可分，而含思婉转，有淇濮之艳。昔屈原居沅、湘间，其民迎神，词多鄙陋，乃作《九歌》，到于今荆楚舞之。故余亦作《竹枝》九篇，俾善歌者扬之，附于末，后之聆巴歈，知变风之自焉。"

除刘禹锡对《竹枝词》的全面注释外，千余年来，官方史料、地方志书和文人墨客还各有所重地对其特点予以释录。

(1)"竹枝"是唐代《乐府诗集》收集的民歌，乃当时文人所仿作。"竹枝出于巴渝，唐贞元中，刘禹锡在沅湘以俚歌鄙陋，及依骚人九歌作竹枝新辞九章，教俚中儿歌之，由是盛于贞元、元和之间。……其音协黄钟羽，末如吴声。含思婉转，有淇濮之艳。"①

(2)"竹枝"是巴渝地区性的民间歌曲，"竹枝词本巴、渝一带的民歌，唐顾况、刘禹锡、白居易等人都有拟作；以七言绝句的形式，咏地方风物，后世亦多模仿此体写各地风土"②。"禹锡曰：'竹枝巴歈也，调见尊前集，又名巴歈辞。'"③

(3)"竹枝"的特征形态是"有和声"，七字为句，破四字和云"竹枝"，破三字和云"女儿"④。

---

① 郭茂倩. 乐府诗集[M]. 北京：中华书局，1979.
② 吴藕汀. 词名索引[M]. 北京：中华书局，1984.
③《刘宾客集》卷八、《乐府诗集》卷十一。
④ 胡震亨. 唐音癸签[M]. 上海：上海古籍出版社，1981.

(4)“竹枝”是一种地方性风俗歌舞，《太平寰宇记》载：“巴渠县风俗，此县是为夷僚之边界，其民俗聚会，则击鼓踏木芽，唱竹枝歌为乐。”《夔州府志·风俗志》载：“开州风俗皆重曰神，春则刻木虔祈，冬则用牲报赛。邪巫击鼓以为淫祀，男女皆唱竹枝歌。”“万州正月七日，乡市士女，渡江南峨眉碛上，作鸡子卜，击小鼓，唱竹枝歌。”

(5)“竹枝”是巴人、巴孃、巴女所唱的歌，亦称“巴人调”。《全唐诗》中，刘禹锡有《竹枝词》云：“楚水巴山江雨多，巴人能唱本乡歌。今朝北客思归去，回入纥那披绿罗。”于鹄的《巴女谣》云：“巴女骑牛唱竹枝，藕丝菱叶傍江时。不愁日暮还家错，记得芭蕉出槿篱。”此外，《长阳县志·风俗志》载：“十姊妹歌歌太悲，别娘顿足泪沾衣，宁乡地近巫山峡，犹似巴孃唱竹枝。”元陈基《夷白斋稿外集·草堂》诗曰：“竹枝已听巴人调，桂树仍闻楚客歌。”

(6)“竹枝”与土家族赛蛮神有关。刘禹锡在离开夔州去扬州时作《别夔州官吏》，诗云：“三年楚国巴城守，一去扬州扬子津……惟有九歌词数首，里中留与赛蛮神。”土家族在赛故土司神时，也与古代一样，跳摆手舞唱竹枝歌，每年正月初三至十五的晚上男女聚集摆手堂举行祭祀活动，“赛歌中的不少歌曲中，还保留着古代‘竹枝’‘杨柳’的遗风。”①

(7)方玉润《诗经原始》认为，《诗经·周南·芣苡》是当时的“竹枝词”。“……唐人《竹枝》《柳枝》《棹歌》等词，类多以方言入韵语，自觉愈俗愈雅、愈无故实而愈可以咏歌。盖此诗即当时《竹枝词》也。今南方妇女登山采茶，结伴讴歌，犹有此遗风云。”

(8)今日荆巴区仍流行一种接近《竹枝词》的民歌。其破四字入衬词，破三字入衬词，是古代《竹枝词》的遗音(曲43)。②

---

① 刘孝瑜. 鄂西土家族简志[C]// 人类学研究（续集）. 北京：中国社会科学出版社，1987.

② 杨匡民. 荆巴古宝及土家溯源[J]. 湖北民族学院学报：社会科学版，1990(2).

曲 43

大河涨水小河流

（伙计调）

综上所述，可知：

其一，《竹枝词》以破字和声为基本特点，并以和声词得名。

其二，《竹枝词》源于荆巴地方传统音调色彩区，是荆楚歌乐舞文化的组成部分。

其三，《竹枝词》是传统楚歌和声形式的典型发展，既是歌，也是舞。

其四，《竹枝词》是巴渝民间民俗歌舞活动的文学与艺术提炼。

其五，和声而歌、踏节而舞的艺术形式，是《竹枝词》得以产生并颇有影响的文化基础。这种使大众和而参与的艺术形式，以及与生产、生活节奏一致的特点，是荆楚歌乐舞所具艺术感染力与生命力的重要基础。

与《竹枝词》紧相关联的还有两个问题需要论及，其一是同《竹枝词》一起运用的《杨柳枝》《采莲子》等名称的含义及其异同，其二是踏歌而舞的问题。

刘禹锡的二首《纥那曲》，对这两个问题，都作了直接明了的解答。

杨柳郁青青，竹枝无限情。
同郎一回顾，听唱纥那声。

踏曲兴无穷，调同词不同。
愿郎千万寿，长作主人翁。

《杨柳枝》乃“调同词不同”的踏曲之歌，仅和声之词换以“杨柳枝”。教坊名曲《采莲子》亦为七言绝句，其“举棹”“少年”乃歌唱时的相和之声，与“竹枝”同体，相异处为《竹枝词》和于句中，《采莲子》则一句末和声。

由此可知，唐宋时期楚歌和声的方式已趋规范化，不同的词(曲)牌决定了不同词体的和歌方法。即便诗体结构本身无衬(和)词，但词(曲)牌名的出现，即标明了演唱歌词时“调同词不同”的基本音乐特征。

无论《竹枝词》《杨柳枝》，还是《纥那曲》，它们均运用于以脚踏地为节拍、边歌边舞的群众性集体歌舞活动之中。

早在汉代，“相与连臂，踏地为节，歌‘赤凤凰来’”的风俗已经存在。[①] 唐宋之际，“里中儿联歌《竹枝》，……歌者扬袂睢舞”，并“以曲多为贤”。

杨柳青青江水平，闻郎江上踏歌声。

（刘禹锡：《竹枝词》）

李白乘舟将欲行，忽闻岸上踏歌声。

（李白：《赠汪伦》）

春江月出大堤平，堤上女郎连袂行。

……

新词婉转递相传，振袖倾鬟风露前。

（刘禹锡：《踏歌行》）

三百内人连袖舞，一时天上著词声。

（张祜：《正月十五夜灯》）

男女聚而踏歌，农隙时，至一二百人为曹，手相握而歌。

（陆游：《老学庵笔记》）

……

“竹枝”踏曲，楚歌和声，风靡一时。

《竹枝词》为七言句词，其特征是“四三言体”的“二二三”节奏。这种节奏言体的七言诗词，西汉时已有人采用，唐代中叶普遍推广，一直在民间、文人与宫廷中流行，与五言句式并行至今。这种“四三”节奏的七言体，不仅与先秦楚辞一脉相承，而且与荆巴区的传统荆

---

① 向新阳，刘克任. 西京杂记校注［M］. 上海：上海古籍出版社，1991.

楚民歌词体特点相一致。

上章已述先秦楚辞虽以五言句三二(兮)节奏与六言句三(兮)三节奏为主，也还有其他言体存在，如四言句二二节奏，四言上句三言下句二二、三(兮)节奏，以及六言句三三(兮)节奏为上句与六言三三节奏为下句的言体结构等。这些言体句中，存在一个以“三”为奇数节奏和一个以“二”为偶数节奏的两种不同特征的节奏字组，各种相应的音乐节奏也从中派生出来。

《竹枝词》为七言句结构，荆楚民歌的主要词体结构也以七言句为主，它们均由奇、偶节奏有机组成为“四三”节奏(或“二二三”节奏)。在荆巴方音区中，七言句“四三”节奏的民歌数量大，分布的地区和歌种也广。“二三”节奏五言句的歌词较少。五、七言句常有在一首歌曲中合用的现象，构成“五五七五”杂言体或“五五七”言体。七言上下句是荆楚民歌句式的基础。七言句歌词结构的民歌(包括《竹枝词》)，在演唱时，多要在句尾垫以语助词或起衬垫作用的字句。南方民歌，尤其是荆楚民歌，几乎没有不垫尾音的拖腔。这种音乐形式不仅适合先秦楚辞的配唱，也适宜于《竹枝词》等唐宋词曲的表演。

应该说，荆楚地区的方言口语、传统音调和音乐逻辑思维，孕育了先秦的楚辞楚声，造就了唐宋时期的《竹枝词》、踏歌曲，也造就了紧承传统、形态多样的竹枝体民歌。

第五节 竹枝体态

经过了《西曲歌》《竹枝词》等发展阶段的楚歌和声形式，在今天的荆楚歌乐舞艺术中影响极深。荆巴区中，能破词和唱的民歌，不仅数量多，而且还有众多形态上的变化。其种类之繁，中国其他任何地区都无法相比。这堪称荆楚民歌的传统，也堪称荆楚歌乐舞艺术的特色。

现将荆楚竹枝体民歌的形态归为13类进行论述。其中符号：△代表歌词(主词)，▽代表第二歌词，⊗表示和声词，x表示象声词或语助词。

(一)七言句A：破四字(二拍)和入衬词(二拍)，再破三字(两拍)和唱衬词(二拍)，如前文之曲43《大河涨水小河流》。其结构如下：

2/4 △△ △△ | ⊗ ⊗ | △△ △x | ⊗ ⊗ |
△△ △△ | ⊗ ⊗ | △△ △x | ⊗ ⊗ ‖

(二)七言上下句A：上句破四字(二拍)和以衬词(二拍)，破三字(二拍)和以衬词(二拍)；下句破四字(二拍)和以衬词(四拍)，再破三字(二拍)和以衬词(二拍)。例如《跳花灯》(曲44)①，其基本形态如下：

2/4 △△ △△ | ⊗ ⊗ | △△ △x | ⊗⊗ ⊗ |
△△ △△ | ⊗⊗ ⊗⊗ | ⊗⊗ ⊗⊗ |
△△ △x | ⊗⊗ ⊗ ‖

曲44

跳花灯

（灯调·抽抽扯扯调）

① 湖北省恩施行政专员公署文化局.恩施民歌集（内部资料）[M].1979.

（三）七言上下句 B：上句破四字（二拍）和入衬词（二拍），破三字（二拍）和入衬词（四拍）；下句破四字（二拍），和以衬词（二拍），又破三字（二拍）和以衬词（二拍）。湖北利川茶歌《月亮出来亮晶晶》为其例（曲 45）①，其典型形态为：

甲 乙 甲

2/4 △△ △△ | ⊗⊗⊗ ⊗ | △△ △X | ⊗⊗⊗⊗ ⊗ |

乙 甲 乙 甲 合

⊗ ⊗. ⊗ | △△ △△ | X X X | △△ △X | X X X ||

曲 45

月亮出来亮晶晶

（山歌 · 茶歌）

① 湖北省恩施行政专员公署文化局. 恩施民歌集（内部资料）[M]. 1979.

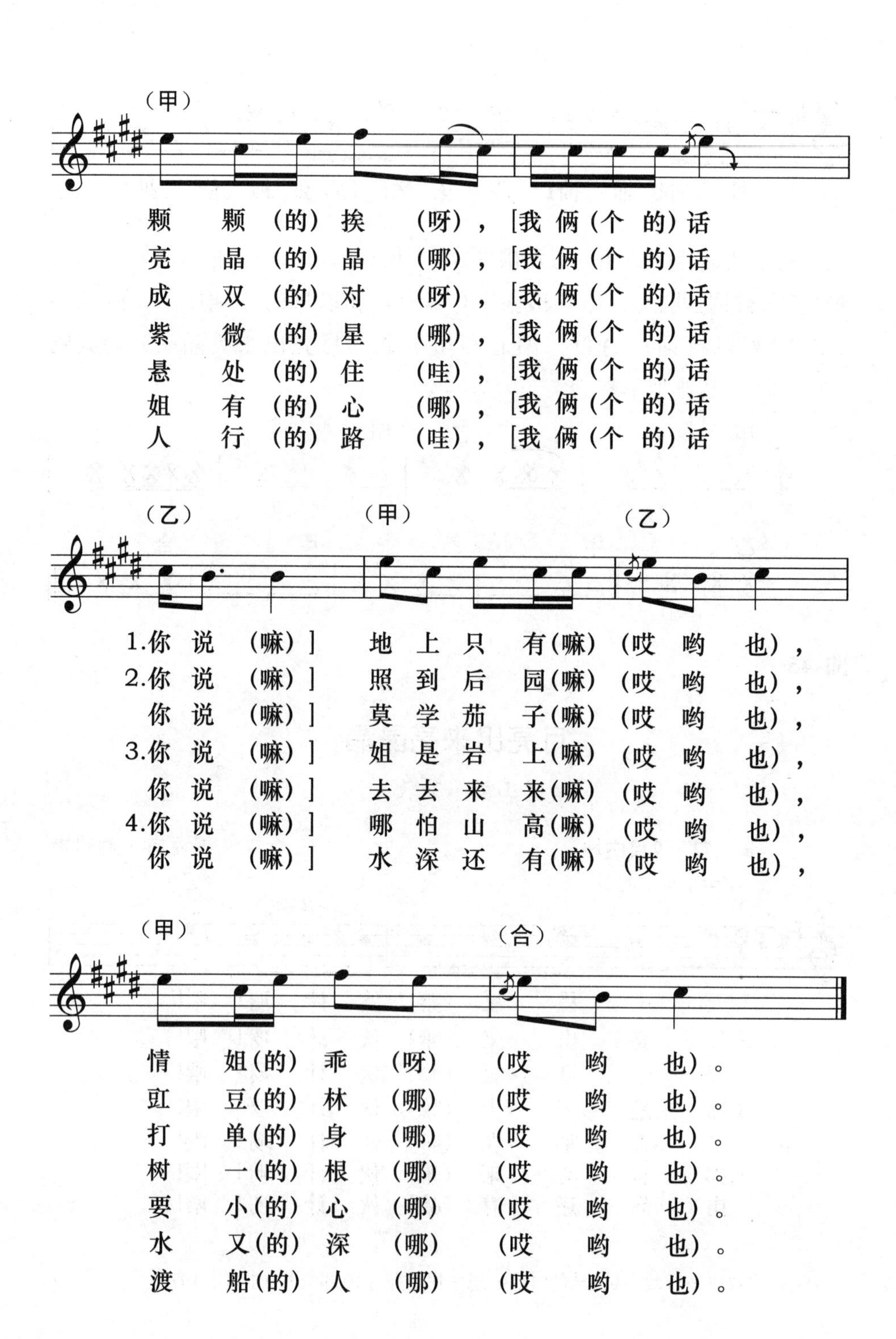
（甲）
颗 颗 （的） 挨 （呀），[我 俩（个 的）话
亮 晶 （的） 晶 （哪），[我 俩（个 的）话
成 双 （的） 对 （呀），[我 俩（个 的）话
紫 微 （的） 星 （哪），[我 俩（个 的）话
悬 处 （的） 住 （哇），[我 俩（个 的）话
姐 有 （的） 心 （哪），[我 俩（个 的）话
人 行 （的） 路 （哇），[我 俩（个 的）话
（乙） （甲） （乙）
1.你 说 （嘛）] 地 上 只 有（嘛） （哎 哟 也），
2.你 说 （嘛）] 照 到 后 园（嘛） （哎 哟 也），
你 说 （嘛）] 莫 学 茄 子（嘛） （哎 哟 也），
3.你 说 （嘛）] 姐 是 岩 上（嘛） （哎 哟 也），
你 说 （嘛）] 去 去 来 来（嘛） （哎 哟 也），
4.你 说 （嘛）] 哪 怕 山 高（嘛） （哎 哟 也），
你 说 （嘛）] 水 深 还 有（嘛） （哎 哟 也），
（甲） （合）
情 姐（的） 乖 （呀） （哎 哟 也）。
豇 豆（的） 林 （哪） （哎 哟 也）。
打 单（的） 身 （哪） （哎 哟 也）。
树 一（的） 根 （哪） （哎 哟 也）。
要 小（的） 心 （哪） （哎 哟 也）。
水 又（的） 深 （哪） （哎 哟 也）。
渡 船（的） 人 （哪） （哎 哟 也）。

(四)七言上下句 C：上句破四字(二拍)和以衬词(二拍)，破三字(二拍)和以衬词(二拍)；下句破四字(二拍)和入衬词(十六拍)，再破三字(二拍)和以衬词(六拍，二种衬词)。其基本形态如下，例详曲 46。

2/4 △△ △△ | XXXX X | △△ △X | XX X | △△ △△ |

XX X | XXXX X | XX X | ⓍⓍⓍⓍ Ⓧ |

XX XX | XX X | XXXX XX | XXXX X |

△△ △ | △△ △ ‖ X X X X X | ⓍⓍⓍⓍ Ⓧ ‖

曲 46

滚绣球

（小调）

(五)五句子：单句破四字(二拍)和以衬词(二拍)，破三字(二拍)和入衬词(十拍)。《五句子歌儿多又多》为其例(曲 47)①，其基本形态如下：

2/4 △△ △△ | ⊗⊗⊗⊗ ⊗ | △△ △X | ⊗⊗⊗⊗ ⊗ |

⊗⊗⊗⊗ ⊗⊗ | ⊗⊗⊗⊗ ⊗ | ⊗⊗⊗⊗ ⊗ | ⊗⊗⊗⊗ ⊗ ‖

---

① 湖北省恩施行政专员公署文化局. 恩施民歌集（内部资料）[M]. 1979.

曲 47

五句子歌儿多又多

（山歌）

(六)七言句 B：破四字(二拍)和以衬词(十二拍二种衬词)，三字结尾(二拍)。典型结构如下，例详曲 48。①

2/4 ‖: △ △ △ △ | ⊗ ⊗ ⊗ | ⊗ ⊗ ⊗ | ▽▽▽▽ ▽ | ▽▽▽▽ ▽ |

▽ ▽ ▽ | ▽ ▽ ▽ | ⊗⊗⊗⊗ ⊗ | △ △ △ x :‖

曲 48

① 湖北省恩施行政专员公署文化局. 恩施民歌集（内部资料）[M]. 1979.

（七）七言单句：破四字和以衬词，破三字再和入衬词（二种衬词）。曲例巴东丧鼓《哑儿合》（曲 49）①，其基本形态为：

2/4 △△ X | △△ X | XX XX | XX X | △X △ |

△ X | XX XX | X X. | XX XX |

X X. | 3/4 X X X | 2/4 ▽▽ ▽▽ | ▽ X. ||

曲 49

哑儿合

① 湖北省恩施行政专员公署文化局. 恩施民歌集（内部资料）[M]. 1979.

(八)七言上下句 D：上句破四字和以衬词，破三字和以衬词；下句破四字和入衬词，再破三字和以衬词(二种衬词)。如曲 40(详前文)，利川灯调《唱起山歌送情郎》，其基本形态如下：

2/4 △△ △△ | ⊗⊗⊗⊗ ⊗ | △△ △x | ⊗⊗⊗⊗ ⊗ |

△△ △△ | ⊗⊗⊗⊗ ⊗ | △△ △x | ⊗⊗⊗⊗ ⊗ |

▽▽▽▽ ▽ | ▽▽▽▽ ▽ | ▽▽▽▽ ▽ | ▽▽▽▽ ▽ |

▽▽ ▽▽ | ▽▽▽▽ ▽ ‖

(九)五五七言，三句：第一句五言，和入衬词(四拍)；第二句五言，和入衬词；第三句七言破四字和以衬词，再破三字和入衬词。曲例 50《邀邀约约去赶场》①，其基本形态如下：

---

① 湖北省恩施行政专员公署文化局. 恩施民歌集（内部资料）[M]. 1979.

2/4 △△ △△ | △ X. | ⊗ ⊗⊗ ⊗⊗ | ⊗ ⊗. |

△△ △△ | △ X. | 1/4 ▽▽ | 2/4 ▽▽ ▽ | 1/4 ▽▽ |

▽▽ | ▽ | ▽▽ | ▽▽ | ▽ | 2/4 ▽▽ ▽▽ |

▽ ▽. | ▽▽ ▽▽ | ▽ ▽. | △△ △△ |

‖: XX XX | XX X :‖: △△ △X | XXXX X :‖

曲 50

邀邀约约去赶场

（灯调）

（十）七言上下句 E：上句破四字和以衬词，破三字和入衬词；下句破四字和以衬词，再破三字和入衬词。例见（曲 51）①，其基本形态如下：

2/4 △△ △△ | ⊗⊗⊗⊗ ⊗ | △△ △X | ▽▽▽▽ ▽ |

▽▽▽▽ ▽ | ▽▽▽▽ ▽ | ▽▽ ▽▽ | ▽ X. |

▽▽ ▽▽ | ▽ X. | △△ △△ | XX XX |

XX X | △△ △X | XXXX X ‖

① 湖北省恩施行政专员公署文化局. 恩施民歌集（内部资料）［M］. 1979.

曲 51

邀邀约约去赶场

（灯调）

（十一）七言三句：第一句破四字（二拍）和入衬词（二拍），再破三字（二拍）和以衬词（二拍）；第二句破四字（二拍）和入衬词（二种衬词），重句破四字（二拍）和以衬词（二拍），再破三字（二拍）和入衬词（二拍）；第

三句破四字(二拍)和以衬词(二种衬词)，再破三字(二拍)和入衬词(二拍)。其基本形态如下，例见曲 52《我爱情姐十七八》①。

$\frac{2}{4}$ Ⅰ. △△ △△ | XX X | △△ △X | ⊗⊗ ⊗ |

Ⅱ. △△ △△ | XXXX XXXX | XXXX XXXX | ⊗⊗ ⊗⊗ | ⊗⊗ ⊗ |

(重句) △△ △△ | X XX X | △△ △X | ⊗⊗ ⊗ |

Ⅲ. △△ △△ | XXXX XXXX | XXXX XXXX |

⊗⊗ ⊗ | △△ △X | ⊗⊗ ⊗ ‖

曲 52

我爱情姐十七八

（小调 · 扇子歌）

① 湖北省恩施行政专员公署文化局. 恩施民歌集（内部资料）[M]. 1979.

情姐(那 都)爱 我(嘛 捉那那那扯那那那
稀里里里察那那那梭 啰妹儿 啰
洋 花儿 红), 情姐(那 都)爱 我(嘛
哟 哟儿 也) 花 扇(的) 子儿 (啰
洋 花儿 红), 我爱(那 都)情 姐(嘛
赤不隆咚赤不隆咚稀里里里察那那那
梭 啰妹儿啰) 十七(的) 八(呀 洋 花儿 红)。

(朱德明 唱 姚本树 记)

(十二)七言五句“主题”与五言四句“号子”穿插体：甲先唱五言四句“号子”后，乙接唱七言“主歌”第一句；然后，唱“主歌”第二句的前四字，破此四字，乙和以“号子”的第二句；其后，甲续唱“主歌”第二句的后三字，破之，乙又和入“号子”的第四句。(此为第一次穿插和唱，以后第二、第三次依此法穿插，“号子”的第三句就不再唱了。)以后第二次穿插时，亦按上述破四、破三和声的方式。直到第三次穿插时，“主歌”的第五句前须临时垫上一句，如“难当家来难当家”或“鸳鸯号子喊得乖”等，然后再和“号子”于其中。此体技巧较高，难度较大，但民间艺人运用自如，只提“穿号子”即知如何破字和歌的演唱方法。长阳“薅草锣鼓”中的《穿号子》(曲 53)[1]即为穿插和声式竹枝体民歌，其歌词结构如下：

[七言五句主歌]
一个姐儿穿身花，
哭哭啼啼回娘家，
娘问女儿哭什么？
丈夫年小难当家。
（难当家来难当家，）
误了青春一十八。

[五言四句号子]
一树樱桃花，
开在岩脚下。
蜜蜂不来采，
空开一树花。

[穿号子]
一树樱桃花，
开在岩脚下。
蜜蜂不来采，
空开一树花。

---

① 杨匡民. 中国民间歌曲集成・湖北卷[M]. 北京：人民音乐出版社，1988.

一个姐儿穿身花，［一树樱桃花］，
哭哭啼啼［开在岩脚下］，
回娘家［空开一树花］。

娘问女儿哭什么？［一树樱桃花］，
丈夫年小［开在岩脚下］，
难当家。［空开一树花］。

哭什么难当家［一树樱桃花］，
误了奴家［开在岩脚下］，
一十八。［空开一树花］。

曲 53

穿号子

（田歌·薅草锣鼓）

♩= 66
(也) 蜜 蜂儿 不 来 采 (唉
咿 唉)， 空 开 (唷) 一 树 (唉)
（乙）
花 (啰)。 (也) 蜜 蜂 不 来
采 (也 嘿 呃 唉)， 空 开 一 树 (唉)
（甲）♩= 54
花 (嘞)。 [十八长锤] (也) 一 个(也 唉 咿 也)
姐(咿 唷) 儿 (啦 我 的) 穿 (嘿 唉 咿) 一 身 花(呀 哦 火
（乙）♩= 84
咿) (也 唉 嘿 唉)， [一 树

樱 桃 花(呀 哦 咿 唉呃唉 呃 唉)],
(甲)
(也) 哭 哭 (也 呃唉) 啼(唷 哦 火) 啼 (啊)
(乙)
[开 在 岩 脚 下 (唷 哦)],
(甲)
回 娘 (唉 的) 家[(唷 呃 哦
(乙)
唉) 空 开 一 树 (哦) 花 (嘞)]。
(甲) ♩= 86
[十八长锤]
(也) 娘 问(的 呃 啥)
女 (呀) 儿 (啊) 你 哭(啊) 什 (的) 么 (呀哦火

（乙）♩= 76
咿 也 嘿 唉 嘿 呃 唉）？ [一 树
樱 桃 花（呀 唉 呃 呃 唉
（甲）
呃 唉）]，（也） 丈 夫 （喂 也呃） 年（哪 唉 嘿）
（乙）
小 （啰） [开 在 岩 脚 下 （也
（甲）
嘿）]， 难 当 （唉 的） 家。（唷
（乙）
呃 唉） （也 哪）[空 开 一 树 （哦）
（甲）♩= 86
[十八长锤]
花（嘞 唉）]。 （也） 哭 什（的 唉

也呃 唉） 么（咿 呀 来 呀 哦） 难（哪）
当（的） 家（呀 哦 火 咿） （也 嘿 嘿
（乙） ♩ = 72
呃 唉） [一 树 樱 桃 花（呀 哦
（甲）
呃 唉呃唉 呃唉嘿）]， （唉） 误 了（喂
（乙）
唉 呃 唉）奴（哦 火） 家（哪） [开 在
（甲）
岩 脚 下 （唷 火）]， 一 十
（唉 的） 八 （唷 呃 哦）

（乙）

（熊明俊 沈克新 唱 杨匡民 胡 曼 周晓春 方妙英 记）

（十三）十言句，两个上下句：第一上下句后和以衬词（十六拍），第二上下句后又和入衬词（十六拍）。其基本形态如下，谱例见曲 54《十二花名》。

[甲领]　　　　[众和声]

十言上下句|⊗⊗⊗⊗⊗|……共十六拍衬词

[乙领]　　　　[众和声]

十言上下句|△△ △ △|……十六拍衬词

曲 54

十二花名

♩= 60

鄂西南 · 鹤峰县

（甲领）

戴， 什 么 人 手 挽 手
白， 什 么 人 去 寻 母
红， 什 么 人 在 桃 园
缨， 什 么 人 背 书 箱
（众）
同 下 山 （啦） 来？ [大 花 花儿香
行 孝 之 （啊） 人？ [大 花 花儿香
结 拜 弟 （呀） 兄？ [大 花 花儿香
去 教 学 （哇） 生？ [大 花 花儿香
小 花 花儿香 花 花儿 采 上 花 花儿 香
小 花 花儿香 花 花儿 采 上 花 花儿 香
小 花 花儿香 花 花儿 采 上 花 花儿 香
小 花 花儿香 花 花儿 采 上 花 花儿 香
（哎 哟 咿） 巧 冤 家] 同 下 山 （啦）
（哎 哟 咿） 巧 冤 家] 行 孝 之 （啊）
（哎 哟 咿） 巧 冤 家] 结 拜 弟 （呀）
（哎 哟 咿） 巧 冤 家] 去 教 学 （啊）
（乙领）
来？ 正 月 里 （呀） 迎 春 花
人？ 二 月 里 （呀） 百 合儿 花
兄？ 三 月 里 （呀） 是 桃 花
生？ 四 月 里 （呀） 麦 子 花

头 上 插 (呀) 戴， 梁 山 伯
满 山 开 (呀) 白， 那 木 莲
满 山 开 (呀) 红， 刘 玄 德
就 像 旗 (呀) 缨， 孔 夫 子
祝 英 台 同 下 山 (啦) 来。
去 寻 母 行 孝 之 (呀) 人。
在 桃 园 结 拜 弟 (呀) 兄。
背 书 箱 去 教 学 (呀) 生。
（众）
[大 也 能 答 小 也 能 答
[大 也 能 答 小 也 能 答
[大 也 能 答 小 也 能 答
[大 也 能 答 小 也 能 答
能 答 能 答 石 榴 花 (哎 哟 咿)
能 答 能 答 石 榴 花 (哎 哟 咿)
能 答 能 答 石 榴 花 (哎 哟 咿)
能 答 能 答 石 榴 花 (哎 哟 咿)
巧 冤 家] 同 下 山 (啦) 来。
巧 冤 家] 行 孝 之 (啊) 人。
巧 冤 家] 结 拜 弟 (呀) 兄。
巧 冤 家] 去 教 学 (啊) 生。

第六章　荆楚古韵

荆楚风俗特点鲜明，历史悠久。传统的经济生活和文化习俗，既是先秦荆楚歌乐舞活动的社会载体，也是现代荆楚歌乐舞艺术的主要内容，更是沟通古今荆楚艺术的重要桥梁。关于荆楚风俗中的《孝祭》《招魂》等歌乐舞活动，前面的有关章节已予介绍。这一章将从横的方向，选取荆巴区①中有代表意义的民间风俗活动，以类分节，在现存的古老歌种艺术形态研究基础上，开展纵向的历史考察，以进一步认识荆楚歌乐舞文化的传统和特征。

第一节　《薤露》丧歌

崔豹《古今注》云："《薤露》《蒿里》并丧歌也，出田横门人。横自杀，门人伤之，为之悲歌，言人命如薤上之露，易晞灭也……至孝武时，李延年乃分为二曲，《薤露》送王公贵人……使挽柩者歌之，世呼为挽歌。"可知最迟在西汉李延年时，《薤露》已成为通行的丧歌。据《文选·宋玉对楚王问》："其为《阳阿》《薤露》，国中属而和者数百人。"可知《薤露》一曲是楚都国人十分熟悉的，也是和而唱的民歌。第四章第四节所引《绕棺游所》中的"发引词"："……泉路驰驱，引系左右，易惊易悸，绋执前后，以妥以慰，蒿里悲歌，薤露泣滴，哭别车前……"以及第三节所述《孝祭》第三献礼中吟唱的《薤露诗》，均能说明《薤露》丧歌在古今荆楚歌乐舞艺术体系中，占有重要地位。

---

① 荆巴区，大致范围包括湖北省，陕西汉中、安康二地区的汉水两岸一带，川东的万县、达县、涪陵三地区，湘西土家族苗族自治州，黔东北部分地区。

在传统荆巴方音区中，盛行的丧歌据其对象可分为两种：一种是为高寿老者演唱的“活丧鼓”，另一种是为死者唱的挽歌。哀而不伤，悲而不惨，古稀老人健在之时，备以寿木，请歌师父来打“活丧鼓”，以祈延年益寿、增喜添福。这种风俗歌在今天的鄂西南宜都县仍可采而聆之，它的主要唱段包括歌头《开歌场》、歌腹《老人长寿福》以及歌尾《煞鼓》，歌词内容从人一生下地唱起，唱到百余春，“福、禄、寿、喜”均在其中。

为死者唱的挽歌，在荆巴区称作“丧歌”“孝歌”“丧堂歌”“跳丧鼓”“打待尸”“鼓盆歌”“阴锣鼓”等。它们多由歌师傅在灵堂中演唱，以锣鼓伴奏为主，有的也加唢呐等吹管乐器伴奏。有的伴奏仅在唱段之间起间奏作用，有的则紧随唱腔。歌词内容除颂扬、怀念逝者之外，还常夹有开天辟地等方面的大段历史故事和民间传说。

论表演方式，荆楚丧歌又可分作三类，即“坐丧”“转丧”(绕棺)与“跳丧”。“坐丧”以灵柩前坐而演唱为基本形式，“转丧”以围绕棺木旋转行走而演唱为主，“跳丧”则是灵柩前或转绕灵柩跳舞歌唱的活动方式。这三类“丧歌”在湖北的分布有地区性的差别，有的地区两类并存，有的地区三类形式均有。大致说来，“坐丧”分布在鄂东南、鄂东北和鄂西北的大部分地区，以及鄂中南、鄂西南部分地区。在这些地区，“坐丧”又称作“孝歌”。“绕丧”分布在鄂东北、鄂西南与鄂西北的部分地区。“跳丧”则分布在鄂西南的巴东县、建始县、来凤县，宜昌地区的长阳县、秭归县、五峰县、远安县，以及鄂中南区的石首市和四周的公安县、松滋市、江陵县和邻省湖南的华容县、安乡县、南县。

“跳丧”由歌师一人击鼓领唱，另有帮唱者两人，众人则接腔和唱。他们进退穿行，合乐歌舞。时而在灵柩前跳唱，时而又绕棺歌舞，除死者的家属和妇女外，其他人均可参与。“绕丧”则由死者的晚辈亲属(多为子、婿)背着鼓，歌手三人，一个击鼓领唱，一个打马锣，一个敲大锣，绕着灵柩边走边唱，一领众和。第四章第四节中的《绕棺游所》，就属此类形式。“坐丧”为歌师傅与锣鼓手坐而演唱，其他人和而歌舞。

丧歌以鼓为主要特征性伴奏乐器，“丧鼓”一词于民间甚为流行。在湖北民歌中，“丧鼓”与“薅草锣鼓”(田歌，详见本章第三节)宛如一对孪生兄弟，哪里有“薅草锣鼓”，哪里就有“丧鼓”。有些地方，白天做农活时唱“薅草锣鼓”，夜晚丧事则唱“丧鼓”。白天唱的称“阳锣鼓”，晚上唱的叫“阴锣鼓”。唱阴阳锣鼓的往往是同一民间歌手，称为“打鼓匠”或“歌师傅”。他们都是中老年男子，他们的歌艺代代口耳相传。

“丧鼓”属于民间祭祀活动中的仪式歌。古代人死，在床曰尸，在棺曰柩。打鼓守柩，亦即守尸，故民间也称“打丧鼓”为“打待尸”。《礼记·丧大记》云：“凡冯尸兴必踊”，“古者祭祀皆有尸以依神”。姜亮夫《楚辞今绎讲录》指出，“《九歌》中的‘灵保’这个字，《诗经》中用神保，就是‘尸’，就是拿一个小孩妆扮成‘祖先’放在台子上，叫做‘尸’”。在鄂东北广济县，流存着在春节期间为了消灾而举行“盘五金魁”活动的习俗，即用一个七岁左右的男孩，头戴面具，摆在桌子上，由和尚向他唱神歌，做驱除疫鬼的仪式，小孩则两手各握一条缠着红纸的棉花条，随着歌乐的节拍，有节奏地在前额盘起来（曲 55）①。虽然现在举行的“盘五金魁”活动，掺杂了后世的诸多因素，但与古代以尸依神的传统关系十分明显。“丧鼓”在民间的传统称呼“打待尸”，也似乎反映出“丧鼓”与古代巫觋祭祀有密切的联系。

---

① 杨匡民. 中国民间歌曲集成·湖北卷[M]. 北京：人民音乐出版社，1988.

曲 55

盘五金魁

（风俗歌·神歌）

中速

鄂东北·武穴市

（戴金阳 唱 胡信忠 记）

根据现有材料来看，荆楚“丧鼓”本身的主要思想属于这一地区传统的巫教思想，保留了上古时代巫祀祭尸的风习。例如，鄂东北大冶的“孝祭”“丧鼓”，仍把亡人当做“神”来祭奠，“我求神兮降自阳”的唱歌中，“神”即亡父、亡母等逝去的亲人。鄂西南宜都县的《绕棺游所》，有直接选自或模仿于先秦楚辞《招魂》的大段歌词。但是，时间的流逝，文化的交融，现在流传的“丧鼓”活动中，也夹杂了大量中原文化以及秦汉以后的思想因素。如“劝世文”劝人要行善，具有“恶有恶报、善有善报”的因果报应思想；《血盆经》以“十月怀胎”的苦难，提倡“孝道”与“尊贤”；“引魂超渡”免在“地狱受苦”的佛教思想，也体现于“丧鼓”唱词中。

“丧鼓”流传于荆楚民间，歌师多为农民出身。有的是不脱产的农民兼任，白天干农活，晚上唱“丧鼓”。正是这样，“丧鼓”的唱词大部分是来自劳动、源于生活的民歌，有很大的吸引力。男女老幼，听说哪家“打丧鼓”，距离很远的地方也有赶去跳丧舞、唱丧歌的，一跳就是一通宵。“丧鼓”这一具有浓厚乡土生活气息的歌乐舞活动，深为当地人民所喜爱。

湖北境内所流传的“丧鼓”，其唱腔中山歌腔的结构较为多见。以一个基本的核心腔，歌唱时“依字行腔”进行表演，略带有戏曲音乐那种“板腔”体的结构特征。例如鄂东南嘉鱼县的“丧鼓”，唱腔分为“高腔”“平腔”“悲腔”等，鄂中南江陵县的“丧鼓”则分为“单句腔”“双句腔”“四六句腔”与“落腔”等。特别是与鄂西南区相邻的鄂西北区南部的“丧鼓”唱腔，“板腔”似的名称更是普遍。如神农架的“丧鼓”唱腔，叫做“平腔”“山调”“谷城板”（谷城是附近的一个县名）“慢板”“回声号子”等等。还有一种以衬词为腔调名称的“丧鼓”腔，如鄂西南区五峰县的“丧鼓”唱腔叫做“么两合”“么姑姐”“哑儿合”等等，它们都表明了和而歌唱、依字创腔、依腔编曲的准则。此外有的还采取混合曲体的混合名称，如长阳县的“丧鼓”唱腔，除了各种单一的腔调外，还以两种舞蹈动作与两种唱腔合在一起，名为“雪夹霜”；也可用三种腔体合在一起，组成被称为“三合”腔的乐曲。曲 56《数数歌》，就是长阳县“跳丧鼓”的“三合”腔。

《数数歌》这首“三合”腔的唱腔，第 1 段的旋律音列是 1=F 调的[sol la (do) re mi]；第 2、3 段的旋律音列是[mi (sol) la do re]，由前调的 1=F 调转到了 1=♭A 调。三段唱腔配三种舞蹈动作，唱腔的节奏性很强，$\frac{6}{8}$ 拍带切分音的节奏，贯串了三段不同的旋律。相配的舞蹈动作粗犷有力，以其一步多颤和摇动构形的特征而自成风格。

曲 56

数数歌

（风俗歌 · 跳丧鼓 · 三合）

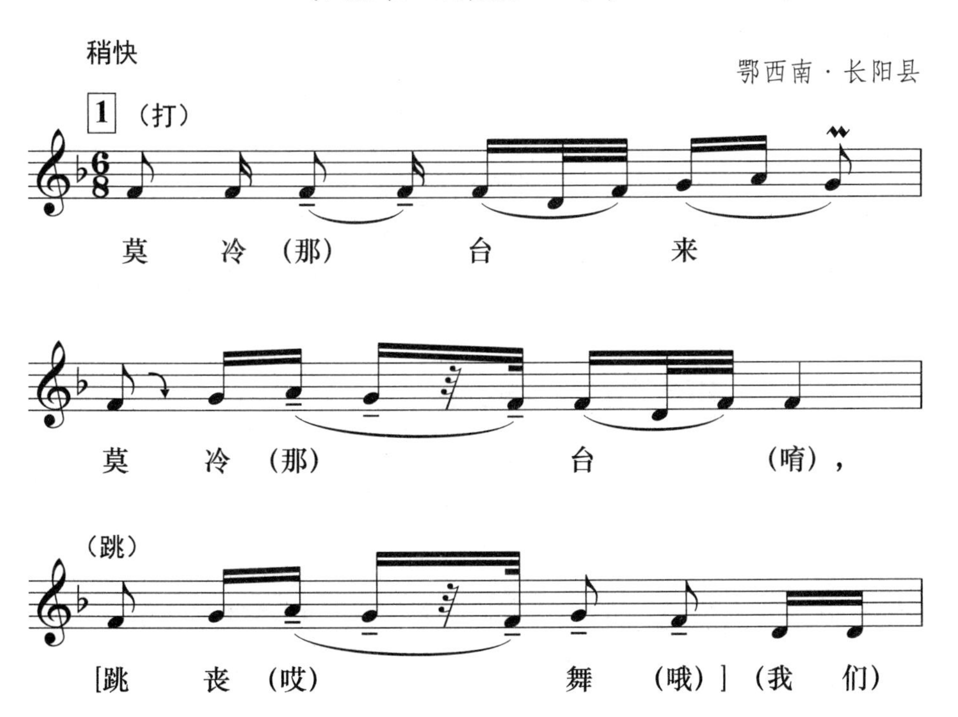

（打）
头 班（乃） 去 哒 （我 们）
二 的 班（乃） 来 （呀 啊 啊）。
（跳）
莫 冷（乃） 台 （干儿 啦）
莫 冷（乃） 台 （唷），
（打）
[跳 丧（啊） 舞 （乃）
我 在（也） 台 上
等 到（啊） 在 （呀 啊）。

2
（打）
头 班（那） 去 的（那 个）
梁 山（那） 伯 （呀），
（跳）
[跳 丧 （啊） 舞 （哦）]
（打）
二 班 （就）来 的 （就 是）
祝（啊）英（的） 台（呀 啊 啊）。
（跳）
头 班 去（啊）的
梁 山（啊） 伯 （呀），

（打）
[跳 丧 （啊） 舞 （哎）]
（跳）
二 班 （乃） 来 的 是
祝 英 儿 台 （呀 啊）。（我 们）
（打）
跳 转 （乃） 去 （来 那 个）
祝 英 儿 台 （唷）。
（跳）
[跳 （啊） 丧 （哎） 舞 （乃）]
好 像 仙 女 （我 们）

下 (的) 凡 (哪) 来 (呀 啊 啊)。
(跳)
头 班 去 (啊) 的 (唷)
(打)
祝 英 儿 台 (唷) [跳 丧 (啊 个) 舞 (哎)]
(跳)
好 像 (啊) 仙 女 (啊)
下 凡 (乃) 来 (唷 哦 那 个)
(打)
今 天 的 丧 鼓 (我 们)
又 跟 到 敲 (啊)

（跳）
[跳 丧 （啊） 舞 （哦）]
（打）
不 跳 （哎） 丧 鼓 （我 们）
不 热 （的） 闹 （啊 啊 啊）。
（跳）
今 天 （的 个） 丧 鼓 （我 们）
又 在 （呀） 跳 （哦），
[跳 丧 （哎） 舞 （哦）]
（跳）
不 敲 丧 鼓 （啊）

不 热（哎） 闹（啊 啊）。（那 个）
3
（打）
打 上（了 个）一 （来 我 们）
还 上 （了） 一 （嘿），
（跳）
初 一 （呀） 十 一
二 十 （的） 一 （来 嘿）。
[再 打 那 个 别 样 火
这 才 是 些 话 来 我 们

（汪达森 唱 覃发池 冉一三 周晓春 记）

荆楚“跳丧鼓”，按其歌、乐、舞三者的结构特征，也形成了两种类型。荆州地区南部的石首市、公安县、江陵县以及邻省湖南的华容县、安乡县、南县是一种类型，这一带的“丧鼓”重言词、重歌唱，歌乐舞三者综合，以歌为主，带有较浓的说唱曲种风格。鄂西南长阳县、五峰县、巴东县等地的“丧鼓”属另一种类型，它们舞韵较浓，重舞求动，以舞为主。前者讲究唱段内容情节的表演，讲求演唱的气声，以声传情感人；后者讲究舞蹈动作，讲究领众接腔的和应，声既感人，舞亦动人。两者的差异很可能是“跳丧鼓”在发展过程中受周围姊妹曲种影响的缘故。如石首的“跳丧鼓”《欢调》，其唱腔分有“三句头”和“垛句”（曲 57）这显然是受荆州地区的戏曲、渔鼓、小曲的影响所形成的唱腔结构。而鄂西南区的“跳丧鼓”始终流行在大山区，保留了荆楚民间不论红白喜事，总爱“男女聚而踏歌”的传统风习。

曲 57

欢　调

（风俗歌·跳丧鼓）

老 师 傅（啊）（白：啊！）
首 先 与 你（就） 打 （呀）商 （呢） 量（呃）
（啊） （白：商 量 么 事？）
你 要 跟 我 好 生（的）收 拾 一 间 房，
要 等 我 的 姨 妹 巧 梳 妆（呃），
梳 妆 打 扮 我 们 好 拜（也） 堂（也）
（啊）。 （白：这 算 我 的。）

（郑启焕 徐 鼎 镒 昌 唱 丁 丁记）

关于鄂西南长阳、五峰、巴东等县“丧鼓”的原始性表现，可概述为如下几点：

(1)歌、乐、舞三者紧密地结合为一体，互相依赖而共同成为一种混融性艺术形式。特别是鼓，作为歌舞的伴奏乐器，鼓点子（节奏）是启发集体舞蹈激情的音乐，是指挥歌腔变化的工具。我们的祖先很早就发明了鼓，有了鼓点的节奏与鼓声亮哑音色对比、强弱力度变化等方法的运用，整个歌乐舞艺术就向前发展了一大步。

(2)我国南方的少数民族，不论婚丧、节日、吉庆或祭祀，都有集体歌而踏舞的习惯，并都有其原始的特征和古老的传统。“家有丧，过年之前一日，束草编插羽毛，以像死者”，并要“踏跳踯旋转而歌”。上引《台湾丛书》记载的高山族风俗，同样有与古代“灵保”相似的特征。[①] 荆楚西南部“跳丧鼓”所显现出的特点，与我国西南

① 蓝雪霏. 联臂相看笑踏歌[J]. 舞蹈，1984(1).

部民族的歌舞传统相一致，不仅说明了为丧事而歌乐舞的普遍性，也说明了其原始性。

(3)如果说一切原始诗歌都是以节奏为基础，那么，一切原始性歌舞，更是以节奏为基础。长阳、五峰、巴东等县的“丧鼓”节奏，其原始性之一就在于一种 $\frac{6}{8}$ 带切分音的节奏，这种节奏在别的民歌体裁中是罕见的，它具有很强烈的律动感。无怪乎这种鼓声一响，围观者情不自禁地应节踏跳，手舞足蹈，随节和声了。

(4)“丧鼓”的音调，一般来说是较简单的，只用一个基本音调(如山歌腔)即可“依词(字)行腔”，即兴歌唱。在鄂西南区的“丧鼓”音乐中，较常见的有[la do re]、[sol la do]这两种三声音阶的腔调。有的旋律只用其中的一种，有的旋律则两种交替出现。如曲 58《奠酒》，就是只用[la do re]一种三声音阶的腔调来进行歌唱表演的。

曲 58

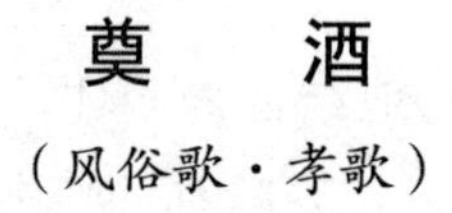

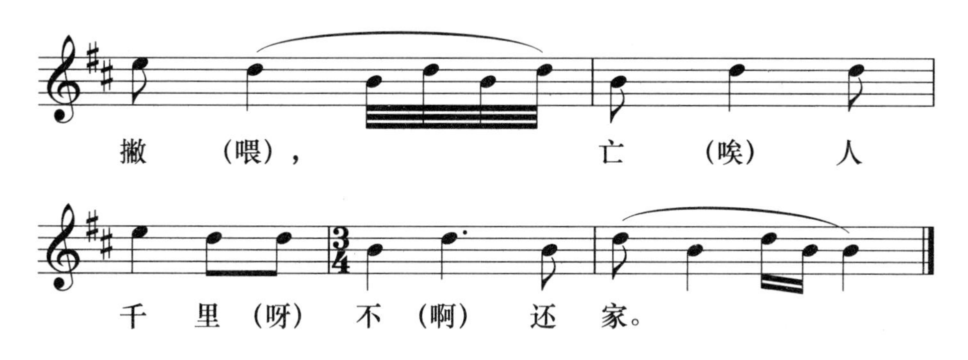

（毛少轩 唱 谢淑华 聂秀坤 魏长运 记）

这种原始性的[la do re]三音歌，加上一个[sol la do]三声来与它交替，实质上只增加了一个[sol]音而已，而这[sol]音比[la]音低一个大二度音程，却改变了旋律的音程结构属性，增强了音乐的动力。巴东的《待尸》就是这样加一个音的四声音阶的丧歌(曲 59)。从这首歌的音阶、旋律等音乐进行的特点可知，当地人利用他们祖辈传下来的传统习惯与爱好的三声音阶即兴歌唱，是创作“丧鼓”音乐的基本方法。

曲 59

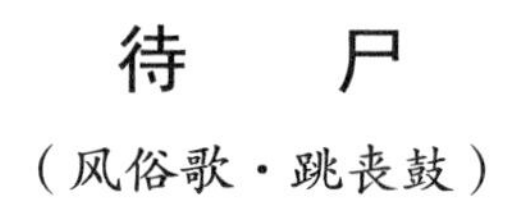

待 尸

（风俗歌·跳丧鼓）

(黄在秀 黄在均 田德安 谭志顺 唱 汪传喜 文世昌 记)

上面谈的，是在[la do re]的[la]音下增加大二度[sol]音构成[sol la do re]四声音阶的情况。曲60《么年火》丧歌，却是在[la do re]三声音阶的[re]音上方增加一个[mi]音，从而构成的[la do re mi]另一种四声音阶。

联系这一地区民间流传的《血盆经》(详曲5)，并将它与曲59《待尸》、曲61《请出一对歌师来》进行比较可以发现：前两首歌是四声[(sol) la do re]音阶，终止音在[sol]音上，后两首歌也是四声音阶，但结构为[la do re mi]，终止音在[la]音上，这四首两种四声音阶的旋律，行腔上突出了三种三声腔，即[la do re]、[sol la do]与[do re mi]。这三种三声音阶构成了这一地区很有代表意义的音阶，它们的变化、发展，即产生出[sol la do re mi]、[la do re mi sol]这两种主要音阶和其次的[do re mi sol la]音阶(包括六、七声音阶)。

曲 60

么年火

（风俗歌·跳丧鼓）

鄂西南·长阳县

（田昌甫 田文生 徐文生 唱 覃发池 丹一三 周晓春 记）

曲 61

请出一对歌师来

（风俗歌·跳丧鼓·叫歌子）

请 出 一 对 （你 看）
歌 师 来 （啰）。
B
（打）
好 生 些（里 个）打 鼓 （哦）
好 生 一 些 跳 （哦），
（跳）
（咳 唷 咿 火 也）
（打）
莫 把 脚 步 （你 看）
搞 （哎） 错 （唷） 了 （哦）。

（跳）
好 （啊） 生 些 （的 个） 打 鼓 （啊）
好 （啊） 生 些 （的 个） 跳 （哦），
莫 把 （的 个） 脚 步
搞 （啊） 错 （唷） 了 （哦）。
（打）
A2
叫 错 （一 个） 号 子 （我 们）
犹 是 （的） 可 （唷），
（跳）
（咳 唷 火 也）

（打）
搞 错 脚 步 （你 看）逗 人 说 （啰）。
B²
（跳）
叫 错 （的 个）号 子 儿（惹）
犹 是 （的 个） 可 （唷），
搞 错 脚 步
逗 （啊） 人 说 （唷）。
A³
（打）
改 换 号 子儿 （嘛）
逗 （啊） 人 说 （唷），

注：谱上标“打”字，是打鼓师傅唱的；
标“跳”字，是跳舞的人唱的。

（田玉成 唱 周晓春 记）

“跳丧鼓”的唱腔、唱词、锣鼓点和舞蹈动作，结合得较紧密。每一种唱腔所配的歌词以及采用的舞步，都有一定的对应性舞姿动作。例如曲 60《么年火》，以衬句“么年火”为歌名，其歌舞只能填唱“么年火”衬词和名为“虎抱头”“凤凰闪翅”等的舞蹈动作。因为这是一种唱腔的腔格，只能填唱这种词格的歌词与衬句。《请出一对歌师来》的唱腔(曲 61)，也只能填唱相应的词句，同时，舞蹈的动作也随歌词稳定中有变异地表演。歌、乐、舞三位一体的综合表演形式在“丧鼓”活动中流传颇久，因此，歌的唱腔从一个单一三声腔发展到多种转调的复杂旋律，这复杂的旋律又给舞蹈增添了华彩与气氛。

《请出一对歌师来》，从头到尾都是 $\frac{6}{8}$ 拍子，全曲仅 36 小节，却转了 5 次调，1=G→1=♭B→1=G→1=♭B→1=♭A→1=♭C。旋律的形式如下：

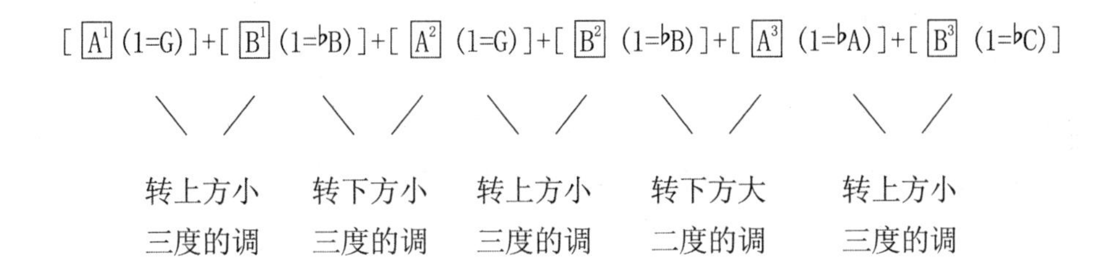

转调的规律是转上、下方小三度与下方大二度的调。再看看所用的音阶是：A^1、A^2、A^3 段都是[la do re mi]四声音阶(其中偶尔出现一个短音 sol，是由方言阳平声中升所引起的，不是调式音阶的基本音；还有一个短时值的 si 音，是下滑的收尾音，每次下滑不一定在 si 音上)。三个 A 段都是以[la do re]三声腔为骨干的，旋律基本上一样，不同的是，A^2 段摘用了 A^1 段的第二、三、四、五这四个小节；A^3 段摘用了 A^1 段的第一、二、三小节，并且 A^3 转了调，转到了 1=♭A 调上。

B^1、B^2、B^3三段与上述的情况类似，基本上采用了[mi sol la do]这样的四声音阶。事实上，这四声音阶也是A部分[la do re mi]的下移四度调音阶。其行腔也如上述一样，以[mi sol la](即[la do re]的下移)为骨干音。这B^1、B^2、B^3三段旋律不同的情况是转了一次调，(1=♭C)，B^2段摘取B^1段的第一、五、七、二、四、五等六个小节所构成旋律。而B^1段的第六小节出现了[la sol fa]的fa音，实质上这又是[mi re do]三声腔的移调。

由于鄂西南区的三声腔以[la do re]、[sol la do]与[do re mi]这三种为普遍，所以当地人无论在“丧鼓”活动还是其他种类的民歌“依字行腔”时选择三声腔或转调，都以这三种三声腔的音程习惯来行腔。(反过来说，就是局限于这三种三声腔。)所以《请出一对歌师来》的五次转调，四次转入上方或下方小三度调和一次转入上方的大二度调，就是习惯于这种行腔传统的缘故。

前面曾提到，鄂中南石首市及其附近的跳丧鼓与鄂西南恩施、宜昌地区的跳丧鼓可能受其周围姊妹艺术的影响，发展形成了两种艺术特征。由于其流传年代的古老，具有广泛的群众性和地方特色，深受农村群众喜爱。但在历史的发展中，“丧鼓”也发生了变异。以石首为代表的“丧鼓”已发展成为说唱曲种，改名“山鼓”“三鼓”。以长阳县为代表的“跳丧鼓”，前些年也已经发展为群众性集体娱乐歌舞，改名为“巴山舞”了。沙市的“坐丧歌”——鼓盆歌，也在20世纪50年代变异为坐唱曲种，并因“鼓盆歌”传统的三人演唱和伴奏的形式，改名为“三鼓”。这也正是荆楚歌乐舞艺术在不同年代和文化土壤中的创新。

第二节 婚俗歌舞

现在的整个荆楚地区，无论荆东(荆巴方音区东部)还是荆西(荆巴方音区西部，含湘鄂西古代巴人活动区)，婚俗歌舞十分盛行。经过了数千年历史变迁的荆楚婚俗歌舞，既有自己的艺术传统，也反映出民族间、地域间的混融关系。

荆楚地区至今仍有巫教遗存，招亡魂、跳丧鼓，男女连臂踏竹枝，民间歌舞有着自己独特的艺术形式与审美意趣，然而中华文化作为一个博大精深的文化体系，儒道思想的交融，南北文化的交流，使荆楚歌乐舞也呈现出多种文化内涵与风格。在今天的荆楚婚俗中，就有明显的儒教礼俗，其婚俗歌舞形式，即有受不同文化影响而产生的特色性差异。

荆楚婚俗，大致可分为荆东片与荆西片。荆东片从江陵往东，到楚尾吴头的黄州(黄冈地区)；荆西片由江陵向西，包括鄂西、川东、陕南、湘西北和黔东北角等荆巴区的大部分地区。

今取两片中最为典型的地方为例，窥探荆楚婚俗歌舞的艺术特点和风俗传统。

过去鄂东北各县都流行婚礼歌，这一地区的民俗和方言基本相同，因此各县的婚礼歌也大体类似。孝感市的婚礼歌较为完整，它们运用于相应的一套礼仪程式之中。现摘抄《中国民间歌曲集成·湖北卷》中有关孝感市婚礼歌的记录如下：

“新娘还未到男方家的头天晚上，男方家要行‘告祖加冠’礼；第二天花轿抬新娘到男方家来，未进门就要在门前稻场摆好香案，行‘回鸾’礼(也叫‘拦车马’)；新娘进门的第一天晚上闹新房时行‘彩堂’礼。”

“新婚行礼户有因家境贫富之不同而有繁有简。简者只请两位礼宾先生(一赞一祝，赞者喊也，祝者读也)。行‘告祖’和‘回鸾’两堂礼。有的甚至只行‘回鸾’礼，谓之‘小回鸾’；繁者则十二位礼宾先生行‘大回鸾’礼。行‘大回鸾’礼各堂礼仪所唱婚礼歌的内容与曲目。

(1)告祖礼：读‘告祖文’‘陈设’(歌中的‘彩毡’‘果品’‘茶茗’诸段都是在这道礼节中吟唱的)‘迎神’‘三上香’‘总献’‘命名’‘加冠’‘酬恩’‘谢媒’‘饮福’(将上等食物或糕点呈献给父母来品尝，谓之‘饮福’)‘辞神’‘告彻’(又叫‘告退’)。

(2)回鸾礼：系在门外设香案以迎新娘的一堂礼(又称‘拦车马’)。诸如‘烦劳车驾之还、敬谢护送诸神’‘喜庆吉日良辰，男婚女配，地久天长’‘祝福瓜瓞绵绵’(即多生子女之意)等等。

(3)彩堂礼：是闹新房的一堂礼，也是新婚最热闹、最活跃的一堂礼。‘催妆’‘含卺’‘交杯’‘画眉’‘抹唇’‘点额’‘衔钱’‘换枣’‘摘花’‘合吻’等，都是在这一堂礼中唱的。总之，礼宾们在这一堂礼中十分活跃兴奋，也就是礼宾先生出题，新郎新娘做文章。”

这套婚礼仪式共用10首歌曲，唱词有长有短，大多为古体词。

第一曲《加冠礼歌》为《诗经》体“四言词”；第二曲《陈设省亲》四言体；第三曲唱《诗经》的《采苹次章》《鹊巢卒章》；第四曲《歌诗》唱《诗经》的《关雎》《桃夭》(见曲15、曲16)；第五曲《花烛》是“四六韵”文体(即“四、六言体”)，内容是“采毡”“果品”“抹唇”“点额”“茶茗”；第六曲《采堂调》是“三三七言体”；第七曲《采堂一对好鸳鸯》是七言诗，内容是“衔钱换枣”“摘花”“合吻”；第八曲的内容是“催妆”“合卺”“交杯”“画眉”“点颜”，其中“催妆”一段采自李白《清平调》第一首；第九曲《告祖父》是杂言体诗，内容是“报本追源”“婚姻为万化之源”；第十曲是《新婚赋》。

婚礼上的礼宾先生，都是地方的歌秀才，他们能吟诗赋，唱《诗经》，都是用方言来诵念与歌唱。此区与中原相距较近，因此有些礼俗源于中原，有些歌词内容来自“四书”“五经”，传统礼教色彩较浓。

荆西片的婚礼歌曲，主要分布在鄂西土家族自治州和湘西土家族苗族自治州。土家族中所流传的婚礼鼓，有《陪十弟兄歌》《陪十姊妹歌》与《哭嫁歌》。仪式中所唱的歌曲与荆东片的不同，旋律的音阶形态很原始。歌唱的内容是对封建礼教的“控诉”。

《中国民间歌曲集成·湖北卷》载荆西片恩施市《陪十弟兄歌》如下：

“在男子娶妻前夕，由新郎亲友中的青(壮)年欢聚一席，通宵饮酒歌唱，以示祝贺，此种贺喜仪式叫‘陪十弟兄’(席上并不限定为十人)。届时席上设一令杯，选一歌师傅(对歌手的尊称)开令(唱开台歌)，然后依次传杯歌唱，唱得好的就多吃些菜，唱得不好的就要罚酒。形式上按不同腔调与歌词，或独唱或对唱，或一人领唱众人帮腔。其内容除歌手们相互奉承及贺喜之类的吉利话外，一般故事、古人、盘歌(即猜调)之类的歌均可唱。有的地方还用唢呐或丝弦伴奏，最后才由歌师傅收令散席。”

恩施市《陪十弟兄歌》常用的歌曲有《开台歌》《哥哥骑马看人家》《十个弟兄两边排》《打对戒指送新人》和《少读诗书难开腔》，等等。

曲 62

开台歌

（风俗歌·婚事歌·陪十兄弟）

鄂西南·恩施市
土　家　族

开台：

说开台，就开台，
开台歌儿唱起来；
新打剪刀才开口，
剪起牡丹对石榴。

东剪日头西剪月，
当中剪起梁山伯；
梁山伯来祝英台，
二人同学读书来。

男读三年做文章，
女读三年考秀才，
张秀才来李秀才，
接我文章做起来。

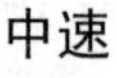

（高光才 唱　罗伦常　杨霁青 记）

《中国民间歌曲集成·湖北卷》记恩施市《陪姊妹歌》如下："……在姑娘出嫁前夕，娘家邀请亲友的姑娘九人，连同新娘共十人(人越多越好)，围席而坐，通宵饮酒唱歌，以示惜别与祝贺，称为'陪十姊妹'。届时新娘头上搭着红绸帕子，由两个姑娘牵至堂前三拜九叩头之后，便坐在席中间，牵新娘的挨着新娘左右坐，其余人按长幼亲疏坐齐，大方的新娘有时自己唱 '开台歌'，否则就请歌师傅开台，然后依次轮唱或互相挑战对歌，胜者享用糖食糕点，负者罚酒一盅。唱词的内容按歌者与新娘的关系有所不同，一般亲属以'哭嫁'为主，乡邻则以劝嫁为主，或表示分离的痛苦，或劝新娘遵从'三从四德'，或贺新人，夸新郎、赞嫁妆、道吉祥，甚至唱一些一般的小调(如 '闹五更' '说古人'等)以示助兴，最后圆台散场。在形式上或独唱或对唱或一领众和，亦有用唢呐丝弦伴奏的。"

曲 63 是恩施十姊妹歌中的第一首歌——《开台歌》，它和十弟兄歌中的第一首歌一样，在客人落座时演唱。但两首歌曲，无论歌词、旋律均不相同。

曲 63

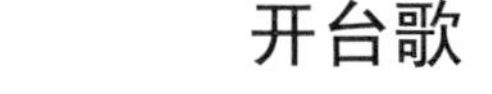

开台歌

（风俗歌·婚事歌·陪十姊妹）

附词：

2. 人又小来面又窄，唱个歌儿得罪客。

3. 得罪少的犹是可，得罪老的莫笑我。

（向碧玉 唱 杨万彬 记）

《哭嫁歌》由女子出嫁前所唱，要哭半月至一月，哭到上轿时声音完全嘶哑。要哭母亲，哭姑婆，哭姊妹。互相对哭对唱，互相嘱咐、祝愿，感激父母养育之恩、兄弟姊妹手足之情。有的也哭嫁妆，哭骂媒人，叙诉出嫁之不幸，会受婆家虐待等等。还有母教女歌，教女出门要遵循“三从四德”。

荆西片的西部普遍流传上述婚事歌。川东有“哭嫁歌”“陪女歌”“陪郎歌”与“姊妹歌”，内容大致与鄂西的相似。湘西的土家族有“哭嫁歌”，苗族有“嫁女歌”，侗族有“伴嫁歌”。特别是湘南的嘉禾、桂阳、临武等县，广泛流传有“伴嫁歌”“伴嫁舞”，他们利用伴嫁歌来叙诉农村妇女的苦难生活，控诉黑暗的封建社会重男轻女和“三从四德”的礼教，寄托对未来幸福生活的向往，整套“伴嫁歌”相当庞大复杂。①

① 《中国民间歌曲集成·湖南卷》（初稿）。

“伴嫁歌”的仪式，一般在姑娘出嫁前两天(或三天)的晚上开始。参加伴嫁的人有歌头(众伴姑娘的领头)、伴头(一般歌手)和歌舞手(伴舞的姑娘)。这种坐歌堂伴嫁的歌唱舞蹈有一大套程式，例如开始时要唱“安席歌”，其后唱“耍歌”和“谢歌”(谢主家以烟茶招待)。歌曲有“耍歌”“长歌”“谢歌”“哭歌”“骂媒歌”和“舞歌”，舞蹈有“把盏”“走火”“走马”“换篆香”“娘喊女回”(曲64)“纺棉花”“划船”“手巾舞”“喜烛舞”等。

伴嫁歌的歌声，情绪压抑、哀怨、悲切。①

“耍歌”是歌堂中伴嫁姑娘互相玩耍取乐的歌。

“长歌”是唱历史或传说故事的长篇歌诗。

“谢歌”也称“励歌”或“利歌”或“令歌”，你谢我，我谢你，与“拉歌”相同。

“哭嫁”是姑娘上轿前又哭又唱的歌。

“骂媒歌”把受封建礼教之苦的气向媒人发泄。

“舞歌”为跳伴嫁舞时唱的歌，徒歌伴唱，节奏自由。

曲 64《娘喊女回》为湖南嘉禾县的舞歌，边走动、边歌唱，气氛凄凉。

---

①《中国民间歌曲集成·湖南卷》(初稿)。

曲 64

娘喊女回

（伴嫁舞歌）

（李智英等 唱 郭求知 李正强 赵健民 记）

荆东片和荆西片的婚俗仪式歌差异悬殊，反映了两地民族文化混融以及接受中原影响的差异。荆东片婚俗重男娶亲，荆西片婚俗重女出嫁。荆巴区也是巴人发源地，土家族正是巴人的后裔。雍正“改土归流”以后，推行儒家思想，但不如汉区彻底。当地伴嫁歌分布面广，除了“娘教女”带有“三从四德”内容之外，姑娘们所哭所唱都是控诉婚姻不能自主的苦难命运，这也是土家族的原始民族特征之一。

第三节　劳作歌乐

较为复杂的自然环境和相对稳定的经济形态，使历史悠久的荆楚劳作歌乐显得丰富多彩，历史绵延。

江汉平原东西北三面是丘陵和山地，南部是隔江相望的洞庭湖平原。不同的自然条件、经济形态以及劳动方式、民族成分，决定了劳作歌乐的差异与特点。

山上种茶有采茶歌，田间劳作有薅草歌，水乡捕鱼唱渔歌，江上纤夫喊号子……劳作本身是歌舞，边歌边舞边劳作。古往今来，荆楚地区的劳作歌舞充满活力，为整个荆楚歌乐舞艺术的发展提供了不可或缺的艺术源泉。

郢中田歌以其扬声阿唱的艺术形式与先秦《扬阿》楚曲息息相通。《扬阿》亦作《扬荷》《阳阿》，是和而演唱的歌曲，也是表演娱乐性舞曲，就像古今流传的“竹枝”歌舞一样，能击鼓和声而歌，也能踏地应节而舞。

楚辞《招魂》云：“《涉江》《采菱》，发《扬荷》些。”《大招》载：“讴和《扬阿》，赵萧但只。”《文选·宋玉对楚王问》曰：“其为《阳阿》《薤露》，国中属而和者数千人。”可见，《扬阿》是楚人喜爱的歌曲。

《文选·舞赋》载：“《激楚》之风，《扬阿》之舞，材人之穷观，天下之至妙。”《淮南子》云：“夫足蹀《阳阿》之舞，”又曰：“歌《采菱》、发《阳阿》，郑人听之曰：不若《延露》以和。非和者拙也，听者异也。”高诱注云：“《阳阿》，古之名倡也。”从前述文献记载可知，《扬阿》是当时著名的舞曲，并且颇具楚地特点，因而郑人不善和之。这种“足蹀”歌舞的形式，应像荆楚旱作物地区今天仍常见的跳秧鼓形式一样，众人劳作，歌师傅二人则在其前面进退足蹀，歌舞“薅秧鼓”。

“《涉江》《采菱》，发《扬荷》些。楚人歌曲也。言已涉大江，南入湖池，采取菱芰，发扬荷叶。”“讴和《扬阿》。徒歌曰讴，扬，举也，阿，曲也。”“欲美和者，必始于《阳阿》《采菱》。”“《阳阿》《采菱》，乐曲之和声。”上引宋人洪兴祖《楚辞补注》，解释了《扬阿》的歌唱方式、和声特点和歌名含义等。综观有关的诸多资料可知，《扬阿》是荆楚民间流行的扬声阿唱的劳作歌舞，它以其艺术感染力，不仅盛传民间，而且风靡楚宫。其表演方式、艺术效果和文化传统，在宋代的《寰宇记案》中曾有记载，在今天的荆楚民间仍有遗存。

“扬歌，郢中田歌也。其别为三声子、五声子，一曰噍声，通谓之扬歌，一人唱，和者以数百……”噍声，为野外高歌的唱法，故民间又称之为“叫歌”。《寰宇记案·甲乙存稿》记载的扬歌——郢中田歌，今天仍流行在江汉平原这个大粮仓中，其歌种可据劳作特点分为薅草锣鼓、薅草歌、栽秧歌、车水歌、打麻歌等类型，它们各有其演唱场合和地方风格，但和而演唱的劳作歌舞是其一致的基本特点和艺术传统。

薅草锣鼓多用于农人在水田、旱地或丘陵山坡上的劳动场合，以歌师傅领唱、众人接腔和唱为演唱形式，是由锣鼓伴奏而表演的大型田歌套曲。其“一鼓催三工”的功能，是指挥生产、鼓舞干劲、减轻劳动疲损的重要手段。在这类田歌套曲中，常包含一些单曲，少则几十，多则上百，其歌词内容、辞体、速度等因素颇与楚辞的曲体、辞体的特征相通(见第四章)。在鄂西北神农架林区，薅草锣鼓分清晨、上午、下午三个阶段来演唱，每一阶段根据劳动时间和强度的不同而有所区别。清晨的演唱程式为：[辽子]——[流板]——[回声号子]——[鼓里藏声号子]——[武赞叹]——[正板]。上午或下午的表演，则还包括[扬歌]、[三声号子]、[文赞叹]、[满天音]、[穿声号子]、[刹鼓]等曲牌。它们形成了一个唱腔曲牌运用严谨而又富于变化的完整体系。

这类田歌套曲流传很广，其名称往往因地而异。如荆州地区称之为“栽秧锣鼓”“扯草锣鼓”“薅草锣鼓”“秧田锣鼓”“薅草赶鼓”等，宜昌地区称之为“薅草锣鼓”“吹锣鼓”“花锣鼓”，孝感地区称之为“推草锣鼓”，咸宁、黄冈地区称之为“推草锣鼓”“畈腔”“打单鼓”“挖地鼓”“山锣鼓”“山鼓”“挖山鼓”“田号”“落田响”“插田鼓”“栽禾鼓”“栽田锣鼓”，鄂西则称之为“阳锣鼓”“叫歌锣鼓”等。薅草锣鼓多以传统的音调和习惯行腔歌唱，有板腔联曲体的结构特征，其演唱方式很有特色——人们在急促、热烈的鼓声中，打着“哦火”，燃放鞭炮，下田、下地。鼓师将鼓挂在颈上，做薅草农活时就站在薅草人的对面，做插秧工时就站在插秧者的后方，边唱边退。如果田小或扯秧时，便站在田埂上演唱。劳作众人则边劳动边和歌。收工时，有充满吉祥如意的喝彩唱段，其时，鼓师领呼，众人应和，领和呼应，十分热闹。有的地方鼓师边领边唱，还伴有简单的舞蹈动作。

薅草歌是薅草农人演唱的歌曲。农田薅草，单一枯燥，时间持久，因此劳作者或在田间独唱，或在地里对歌，或一领众和，自得其乐。

栽秧歌是栽秧的农人演唱的歌。它和薅草歌一样，不需锣鼓伴奏，采取独唱、对唱、合唱等形式演唱单曲体结构的民歌。它既有节奏舒展的散板式音调，也有节奏紧凑的口语化旋律，根据演唱的内容和表演者的情绪，演唱时有高腔、平腔和矮腔之分。

车水歌是农人在车水时唱的歌。根据劳动强度和车水方式，可分为两大类，即“车水锣鼓”和“车水歌”。同“薅草锣鼓”一样，“车水锣鼓”用于强度较大、人员较多的劳作活动中。在抗旱车水时演唱的“车水锣鼓”，多由歌师傅领唱，锣鼓伴奏。抗旱时，车水常有轮换作息的两个班子。一班人车水，轮到休息的另一班人则唱歌鼓劲。演唱时，歌师傅击鼓并领唱，其他人分持锣、钹等乐器和奏和歌。其速度由慢而快，依车速而定。其旋律则慢时平稳流畅，快时高亢嘹亮。听其歌便知其活，闻其鼓就知其速。歌即“活”，“活”即歌。“车水歌”则不需锣鼓伴奏，由农人自由行腔，边车水边唱歌，悠哉游哉。

荆楚地区除江汉平原外，到处是山，也到处是歌。

鄂西南的宜昌市，跨越长江西陵峡南北，茶叶生产是其主要的经济活动，《采茶山歌》是其颇有特色的劳作歌。

《采茶山歌》是茶农采茶时唱的歌。它的演唱方法与众不同，采取一个腔接换一个腔的形式，13个腔唱包括闰月在内的一年(13个月)，故当地人俗称它为“十三换”。按民间习惯，13个月的13个腔为“正本”(歌)。一般情况下正歌前面应有序歌，后面要加类似尾声的节令歌。歌唱形式有一人的独唱、多人的和歌以及两人以上同时演唱的“齐唱”和同声种或不同声种的对唱。

现将《采茶山歌》的演唱形式、基本特点略述于下：①

(1)《瞧哒冤家去采茶》

序歌，旋律音列为[sol la do re mi sol]，终止音为re，共36小节。第1至第6小节领唱，第7至第22小节众和，第23小节至第30小节领唱，最后6小节众和。

(2)《你是在撇奴家》

35小节，序歌，旋律从低音la到高音do，终止音在低音la上。对唱曲，第1至第27小节由甲唱，第27小节第二拍起由乙唱至结束。

(3)《说去采茶就去采茶》

独唱，序歌，$\frac{2}{4}$拍，中速。

(4)《手扳茶树泪淋淋》

序歌，男女声对唱，24小节，旋律音列由中音la到高音la，中等速度。第1至第5小节由男声演唱，第6至第16小节由女声演唱，第17至第24小节再由男声演唱。

(5)《正月采茶是新年》

进入正歌，前9小节为齐唱，后15小节为领唱，中速，终止音为中音re。

(6)《二月采茶茶发芽》

正歌的第二首歌，领唱、齐唱。其中第1至第9小节为领唱，第10至第16小节为齐唱，与第五曲恰好相反。

(7)《三月采茶茶叶青》

正歌部分的第三首歌，与第五曲相同，前齐、后领。前7小节为齐唱，第8小节起为领唱。

(8)《四月采茶茶叶长》

快速，[la do $^{\flat}$mi]三音歌。全曲旋律仅由这三个音构成，并且

---

① 《中国民间歌曲集成·湖北卷》956页至965页。演唱形式说明由歌曲采录者袁维华函告。

mi降低，形成很有特点的减三声歌曲(参见第十章第一节：三声歌调)。

(9)《五月采茶茶叶团》

正歌中的第五首歌曲，中等速度，旋律音列为[sọl lạ do re mi sol]，终止音为低音 lạ。

(10)《六月采茶悬峰岭上坐》

对唱，齐唱，速度较快。第 1 至第 13 小节由甲唱，第 14 至第 17 小节由乙唱，第 18、19 两小节由甲唱，第 20、21 两小节由乙唱，最后从第 22 小节起甲乙齐唱至曲毕。

(11)《七月采茶茶叶稀》

全曲旋律音列为[sol la ḋo ṙe ṁi]，终止音是高音 do，演唱方式为领唱、众和。其中第 1 至第 4 小节领唱，第 5 至第 8 小节众和，第 9 至第 12 小节领唱，第 13 小节起至末尾众和。

(12)《八月采茶秋风凉》

[sol la do]三音歌，众和于前，对唱在后。第 1 至第 4 小节、第 10 至第 13 小节众和，第 5 至第 9 小节对唱(其中第 5 至第 7 小节由甲唱，第 8、第 9 两小节由乙唱)。

(13)《九月采茶是重阳》

又是一首减三声歌曲，旋律由 la、do、降 mi 这三个音构成，$\frac{3}{4}$拍子。

(14)《十月采茶过大江》

正歌的第十首歌曲，旋律中出现 si 音，音列为[do re mi sol la si]，$\frac{2}{4}$与$\frac{3}{4}$的混合拍子，终止音为 sol。

(15)《十一月采茶过严冬》

全曲 16 小节，旋律音列为[lạ do re mi sol la ḋo]，终止音为低音 lạ，$\frac{2}{4}$拍，中速。

(16)《十二月采茶过了期》

正歌部分中的第十二首歌，$\frac{2}{4}$拍与$\frac{3}{4}$拍杂存，旋律由[re fa sol la ḋo ṙe ṁi]构成，终止于中音 re 上。

(17)《十三月采茶一年年》

最后的一首正歌，是[sol la ḋo ṙe]的旋律音列，$\frac{3}{4}$拍杂于$\frac{2}{4}$拍之中。与第五首歌曲一样，前齐后领，即第1至第8小节齐唱，第9至第16小节领唱。

(18)《只等来年新茶到》

迎板腔，三音歌，速度较快。全曲旋律由[la ḋo ṙe]三音列构成。这是正歌之后的节令歌，全曲均为众和的形式。

第七章　荆楚舞风

“乐之为乐，有歌有舞。”荆楚地区不仅舞风甚浓，而且水平也很高。独树一帜的楚舞，不但风骚于东周列国，对后世舞蹈艺术的发展，它亦有极其深远的影响。流波所及，至于当世。

第一节　楚舞风韵

同其他艺术一样，先秦时期南方楚舞的风貌，集中地体现在楚国文化系统之中。

如果说西周的宫廷雅乐体系把上古奴隶社会的舞蹈艺术推向了高峰，春秋战国之时楚国的乐舞则集西周宫廷乐舞之大成，又充分吸收了长江中游土著蛮夷的乐舞养料，甚至远撷吴越海洋型文化的乐舞精华。如此博采众长，兼容并蓄，亦充分显示出“非夏非夷”又“亦夏亦夷”的特色，形成了富有南方文化强烈个性的艺术风格。

先秦时期，楚国的舞蹈艺术与中原的西周乐舞有着紧密的联系。

西周是我国奴隶社会的鼎盛时期，西周乐舞艺术也是奴隶社会乐舞艺术发展的高峰时期。在我国舞蹈史上，西周统治者首先确立了宫廷雅乐体系，使舞蹈的传习和舞仪的规范都纳入到这个正规完善的体系。

周王室把舞蹈分成大舞、小舞、夷舞等等，其中最重要的是大舞。大舞即六代之舞，相传为周公厘定，包括黄帝的乐舞《云门》、尧的乐舞《大章》、舜的乐舞《大韶》、禹的乐舞《大夏》、商汤的乐舞《大濩》和周代创作的表现武王伐纣灭商内容的《大武》。六代之舞，都是歌颂以文德武功昭服天下的领袖的祭奠性大型歌舞。周公制礼作乐的政治目的，显然是要显示其“受以天命”的正统和权力的威严。除了大舞，西周还制有作为贵族子弟习舞教材的六个小舞和四方征集来的“夷舞”——民间歌舞和少数民族歌舞。其中夷舞具有很强的娱乐性，主要用于宴飨和祭祀，人神共乐。

西周礼乐制度严格的等级划分虽然抑制了舞蹈艺术的自由发展，而正规完善的舞蹈教学体系却促进了舞蹈技艺的长足进步。六代舞、六小舞和四夷舞，对先秦荆楚舞蹈艺术——尤其是宫廷舞蹈有着很大的影响。

楚国接受了西周大部分的乐舞教育体系，以及与乐舞有关的礼仪制度。例如《离骚》记载的“鸣玉鸾之啾啾”，以及《九歌·湘君》描绘的“夕弭节兮北渚”“捐余玦兮江中，遗余佩兮澧浦”，都反映出楚人行车、安步之时默诵乐谱和舞步，还使车铃和佩玉发出有节奏的和谐乐声，这种风尚即同于西周。《周礼·春官·乐师》记：“教乐仪，行以《肆夏》，趋以《采荠》，车亦如之，环拜以钟鼓为节。”西周还有一种掌管舞蹈训练的舞师“小胥”。如《周礼·春官·小胥》记：“掌学士之征令而比之，觵其不敬者。巡舞列，而挞其怠慢者。”在湖南长沙黄土岭出土的一件楚漆奁上，即有一幅生动的“小胥巡舞图”①。图上有三个少女正练习舞蹈，旁边立一老年女舞师，手执荆条，拧眉立眼，表情严厉，似在督促三个少女加紧练习。这也足以说明楚舞与周舞联系紧密，有大略相同的基本舞蹈形态、内容和传习方式。

楚国还从西周传承了大量的前代乐舞，大舞、小舞和夷舞都是楚国宫廷乐舞的重要内容。而六代舞的《云门》《韶》《大武》，又特别受到楚人的青睐。

《云门》舞，又名《承云》《咸池》，相传为黄帝臣大容所造，周人将其列为“六代舞”之首。西周时，《云门》是祭天神的乐舞；在楚国，《云门》也是地位显赫的乐舞节目。《离骚》及《九歌·少司命》都曾提到《咸池》，《远游》则曰“张《咸池》奏《承云》兮”。描述

① 杨宗荣. 战国漆器花纹与战国绘画[J]. 文物参考资料，1957(7).

楚国在洞庭湖举行祭神(郊祀)时表演《咸池》的盛大场面。《庄子·天运》:“黄帝张《咸池》之乐于洞庭之野。”庄子此说应以楚人于洞庭湖畔张《咸池》、舞《承云》为本,足见楚人对《咸池》乐舞的热爱和重视。①

《韶》舞也被西周定制为宫廷雅乐。《韶》舞的音乐须奏九(多)遍,所以又叫《九韶》,其伴歌则称《九歌》。据《尚书·益稷》:“笙镛以间,鸟兽跄跄,箫韶九成,凤凰来仪。”《史记·夏本纪》则说:“于是夔行乐,祖考至,群后相让,鸟兽翔舞,箫韶九成,凤凰来仪,百兽率舞,百官信谐。”文献记载说明,《韶》舞的主角是凤凰,因而《韶》舞具有鲜明的东方民族的文化风格。

战国时期,楚国舞《韶》之风十分盛行,《离骚》云:“奏《九歌》而舞《韶》兮。”《远游》云:“二女御《九韶》歌。”因为《韶》的伴歌叫《九歌》,有学者认为《楚辞·九歌》应是仿自韶的。②

《大武》是周人传习的六代乐舞之一,因以干戚作为道具,也称干戚舞。干是盾牌,戚是斧子,舞蹈较为激烈,所以《大武》也是武舞之一种。《大武》既用于军事操练,也用于祭祖,气氛极为庄严隆重。如《周礼·春官·大司乐》云:“乃奏无射,歌夹钟,舞《大武》,以享先祖。”《礼记·明堂位》云:“朱干玉戚,冕而舞《大武》。”

根据《乐记》的记载,在孔子的时代,《大武》舞的演出形式分为六段。开场是长长的召唤性鼓声,舞队从北面踏节而出,手执盾牌,顿足三次而立。一段徐缓抒情的歌声过后,进入第二段,象征武王出兵伐商的战幕拉开。然后是激烈的舞蹈场面,“夹振而驷伐”,表现消灭商朝的战斗场面。第三段表现灭商后继续南进。第四段表现征服南疆。第五段舞队分两行,舞者左足举起,右膝着地,表示周、召二公的英明与和平统治。第六段舞队重新合拢,以示对天子的尊崇,是为“六成复缀,以崇天子”。两千多年前的乐舞,其宏大的结构,磅礴的气势,令人叹为观止。

---

① 张君. 楚舞初探[C]// 楚艺术研究. 武汉:湖北美术出版社,1990.

② 叶幼明. 韶乐考[J]. 舞蹈艺术.

《大武》在西周时仅限于周王室和周公之后鲁公享用。楚人至迟在春秋时期已吸收了周人的《大武》舞，并列入自己的传习范围。先秦时期的楚国以尚武著称于世，故楚人不仅传习、偏爱《大武》，而且一定演练得非常精彩。直到汉代，《大武》仍列为重要的宫廷武舞，与楚人喜好《大武》的习尚有很大关系。在楚文化考古中发现了一些刻有跳舞人形的铜戚和彩绘漆纹盾，可能是楚人用于舞《大武》的干戚。如1960年湖北荆门战国楚墓出土的一件刻有“兵避太岁”的铜戚，[①]就可能是楚人习《大武》的舞具。

《左传·庄公二十八年》：“楚令尹子元欲蛊文夫人，为馆于其宫侧，而振万焉。夫人闻之，泣曰：‘先君以是舞也，习戎备也。今令尹不寻诸仇雠，而于未亡人之侧，不亦异乎！’”依孔颖达疏，万是舞名，因手执舞具的不同分为文舞和武舞。文舞执籥与翟，故也称羽舞或籥舞。《诗·邶风·简兮》：“公庭万舞，左手执籥，右手秉翟。”武舞的道具如《大武》，执干戚。这里的万舞应是习“戎备”所用，自然是万舞中的武舞。所谓“振万”，是说跳万舞时摇动铃铎之类的节奏乐器。万舞应当有一些固定的节奏音型，文王夫人大概是通过这些节奏音型来判定“宫侧”在跳万舞中的武舞。万舞可能非常热烈，有很强的艺术感染力，否则，令尹子元不会借万舞来撩拨嫂嫂文王夫人的春心，以实现非分之念。

楚人十分喜爱武舞，楚国的武舞非常发达。万舞中的干戚舞如《大武》之乐，楚人自然喜爱，而楚国的武舞更包括剑舞、弓矢舞等丰富的内容。信阳长台关楚墓出土的锦瑟上就有一组射舞图案。其一为上穿贴身短衣，腰裹围裙，裤腿狭窄，头戴黄色锥形帽的人，正右手持弓，左手张弦，作射野兽的样子；另一为头戴平顶细腰帽，长衣曳地者，正持弓张弦，疾箭待发。[②]在当时环中原而居的“四夷”中，巴蜀的武舞最负盛名。《华阳国志·巴志》载：“周武王伐纣，实得巴蜀之师，……

---

① 王毓通. 荆门出土的一件铜戈[J]. 文物，1963(1).

② 河南省文物研究所.信阳楚墓[M]. 北京：文物出版社，1984.

巴师勇锐，歌舞以凌。”汉代的《巴渝舞》伴歌中有“弩渝，矛渝，剑渝”的词句，说明《巴渝舞》包含各种武舞。楚人既尚武，又与巴人杂居，自然也借鉴传习了《巴渝舞》的动作。荆门战国楚墓出土的“兵避太岁”的主人，据考是一个楚籍巴人，亦说明巴人的武舞的确早已流传到楚地。

楚国的优舞也有较高的水平。优舞的表演者叫倡优或优人。楚国的优孟，就是当时有名的倡优。据《史记·滑稽列传》，优孟曾经巧妙讽谏楚庄王贱人而贵马，使庄王幡然醒悟。还曾扮作已故令尹孙叔敖，智谏庄王不要忽视对功臣遗孤的妥善安抚。庄王居然受了感动，“乃召孙叔敖子，封之寝丘四百户，以奉其祀”①。可见优孟的表演，感情真挚，技艺精湛。

荆楚乐舞上承前代宫廷雅乐，下采土著群蛮巫风。但楚人既不因循守旧，更没单纯模仿，而是以我为主，兼容并蓄，逐渐形成楚乐舞强烈的个性风格。楚舞最具特色的，当是《阳阿》《采菱》这类长袖细腰的宫廷乐舞。

《阳阿》，是一种楚舞的名称。《招魂》描写楚宫的乐舞场面时，有“《涉江》《采菱》，发《扬荷》些”的词句。荷，阿，古时通用。《伽真训》云：“足蹀《阳阿》之舞。”说明《阳阿》也是舞曲名。汉、魏诗赋中有更多对《阳阿》楚舞的称道赞美。《章华赋》写道：“繁手超于北里，妙舞丽于《阳阿》。”《后汉书·张衡传》孔融云：“《激楚》《阳阿》，至妙之容。”曹子建《箜篌引》曰：“《阳阿》奏奇舞，京洛出名讴。”《阳阿》的名气之大，几乎可以作为荆楚乐舞的代名词。然而，《阳阿》舞究竟是个什么样子？楚人的舞姿已消失在长曳千年的流光之中，而东汉傅毅在《舞赋》中对《阳阿》舞姿的动人描摹，使我们从中得以获取许多《阳阿》舞的信息。

傅毅在《舞赋》中记述宋玉为楚襄王赋高唐之事，其中有：“臣

① 史记[M].北京：中华书局，1982.

闻……《激楚》结风，《阳阿》之舞。材人之穷观，天下之至妙。”以宋玉之口，高度赞美了《阳阿》舞的魅力。关于《阳阿》类楚舞的形式特征和艺术魅力，《舞赋》有具体描述：开始的动作，若俯若仰，若来若往；舞女的仪态是那样的雍容闲雅，又带着淡淡的惆怅。仿佛在天上飞翔，又好像在踽踽独行。忽然高高耸起身子，霎时又似宝塔欲倾。招招式式不失法度，举手投足，左顾右盼，合着鼓声，轻柔的罗衣随风起舞，缭绕的长袖左右交横。络绎不绝的姿态飞翔飘散，手脚合并的身段曲线律动。轻歌曼舞恰似归巢春燕，疾飞高翔势若静夜惊鸿。美丽的舞姿闲婉柔靡，机敏的体态轻盈如风。她想到高山时，舞姿便巍巍峨峨；她思及流水时，舞姿则荡漾清波。① 如此美丽的舞女，如此美妙的舞蹈，难怪宋玉要说“材人之穷观，天下之至妙”了。

《楚辞·大招》云：“嫮修滂浩，丽以佳只。曾颊倚耳，曲眉规只。滂心绰态，姣丽施只。小腰秀颈，若鲜卑只。”又云：“长袂拂面，善留客只。……丰肉微骨，体便娟只。”《九歌·东皇太一》云：“灵偃蹇兮姣服，芳菲菲兮满堂。”《云中君》则云：“灵连蜷兮既留，烂昭昭兮未央。”把这些描摹与《舞赋》对照，即便减去其中可能难免含有的文学性夸张成分，也足以勾勒出《阳阿》类宫廷楚舞的两个基本特点，即“长袖细腰”和“偃蹇、连蜷”。前者道出丰肉微骨的小腰秀颈配上罗衣长袖，舞蹈者婀娜俏丽之极；后者说明富有变化的形体曲线律动，舞姿轻柔飘逸、神采飞扬之至。

楚文化考古的成果，使我们对宫廷楚舞特征的描摹并非只是纸上谈兵。前文提及的长沙黄土岭战国楚墓出土漆奁彩绘舞女图中，共有11个舞女，全为细腰，长裾曳地。其中有两个女子正在翩翩起舞，丰容盛鬋，娟秀婀娜，体态轻柔灵巧，长袖洒脱飘逸。江陵马山楚墓出土的纹锦舞人，上海博物馆藏品楚刻纹燕乐画像椭杯上的舞人，也都展示了屈体长袖的宫廷楚舞风采。据《韩非子·二柄》的记载：“楚灵王

① 赵世纲. 楚乐舞研究[J]. 华夏考古，1990(4).

好细腰，国中多饿人。”长袖细腰当是风行荆楚的一种审美时尚。

湖北省歌舞团创作的《编钟乐舞》，仿楚宫“长袖舞”，依出土楚器和汉画像砖上的“翘袖折腰”舞姿为据，参阅文献记载，颇得宫廷楚舞神韵。我们看到，加长的衣袖延伸了演员的手臂，舞动的长袖时而波涛翻飞，时而白云涌动，时而如夏日彩虹，时而似袅袅云烟；纤纤细腰则使身体曲折转动有致，灵巧自如，正是“斜曳裾时云欲生”，大大丰富了舞蹈的韵味和表现力。

《楚辞》开我国浪漫主义诗歌的先河，《九歌》的许多词句就充满神奇迷人的遐想，如：“龙驾兮帝服，聊翱游兮周章。”“灵皇皇兮既降，猋远举兮云中。”（《云中君》）“帝子降兮北渚，目眇眇兮愁予。嫋嫋兮秋风，洞庭波兮木叶下。”（《湘夫人》）“荷衣兮蕙带，儵而来兮忽而逝。夕宿兮帝郊，君谁须兮云之际？”（《少司命》）用轻灵飘逸的长袖折腰舞姿来表现这种缱绻缠绵、浪漫遐想的诗意，确实是珠联璧合。

第二节　诡奇巫风

楚国社会是从原始社会的胚胎孕育而出的，因而楚人的精神生活散发出浓郁的神秘气息。对于自己生活在其中的世界，他们感到又熟悉又陌生，又亲近又疏远。天与地之间，神鬼与人之间，乃至禽兽与人之间，都有某种奇特的联系，似乎不难洞悉，而又不可思议。在生存斗争中，他们有近乎全知的导师，这就是巫。①

巫，在甲骨文里与舞相通。《说文解字》云：“巫，祝也。女能事无形以舞降神者也，象人两袖舞形。”巫，还要有不同于常人的秉赋和教养。正如楚国的大巫观射父对楚昭王所说：“民之精爽不携贰者，而又能齐肃衷正，其智能上下比义，其圣能光远宣朗，其明能光照之，其

① 张正明. 楚文化史[M]. 上海：上海人民出版社，1987.

聪能听彻之，如是则明神降之，在男曰觋，在女曰巫。”[①] 由此看来，上古时的巫是一种管理宗教事务的职官，是神与人之间沟通的媒介。巫有男觋女巫之分，以乐舞娱神，又扮作神以受享。在巫术仪式中，歌舞是最主要的内容。王国维《宋元戏曲史》中称：“歌舞之兴，其始于古之巫乎？巫之兴也，盖在上古之世……古代之巫实以歌舞为职，以乐神人者也。”

古代的任何民族乃至任何部落，无不有巫。但是，楚人巫风之盛，则远胜于两周之时的其他各国。楚巫的水平和地位之高，也为诸夏之巫所不及。如观射父这位大夫，就是当时楚国奉为国宝的大巫。“楚灵王信巫祝之道，躬执羽绂，起舞坛前。吴人来攻其国，而灵王鼓舞自若。”从桓谭《新论·言体篇》记载的史实亦可知上至楚君的信巫尚舞之风。“宋之衰也，作为千钟；齐之衰也，作为大吕；楚之衰也，作为巫音。”巫音亦包括巫舞，《吕氏春秋》的作者认为巫风之盛，甚至使楚人误国。足见楚巫在当时的意义与影响。

楚国的巫舞之源可以追溯到商代，因为从现有材料来看，敬事鬼神是殷人的重要思想观念。商代的乐舞是从原始乐舞自然发展而来的，多受原始宗教支配。《墨子·非乐篇》说：“汤之官刑有之曰：其恒舞于宫，是谓巫风。”早在商代，只有巫是职业歌唱家、舞蹈家。商代巫风与舞风差不多可视为一体。恒舞酣歌加上职业化，促进了巫的技艺长足进展。相比而言，周代崇尚礼制，把乐舞纳入了礼制的轨道，对商代敬事鬼神的思想统治特点进行了矫变，巫的地位便降低了。

先秦楚人信鬼好祠，“其祀必使巫觋作乐，歌舞以娱神。蛮荆陋俗，词既鄙俚，而其阴阳人鬼之间，又或不能亵慢淫荒之杂”。楚之先祖与夏、商、周诸朝文化关系紧密，深谙中原巫术文化传统的楚巫穿戴美丽的服饰翩翩起舞，长袖翻飞，纤腰扭动，五音交鸣，芳香四溢。楚巫舞

---

① 国语[M].上海：上海古籍出版社，1982.

极富艺术感染力。关于《九歌》的乐舞特征，第四章已作详释，这里不再赘述。

楚巫舞还富有诡谲怪诞的特色。河南信阳长台关一号楚墓出土的一件锦瑟上绘有一幅“灵巫弄蛇舞图”。[①]画面分三层，上两层在瑟首面板上，下层在瑟首顶端。上层右起第一人头戴黄色平顶细腰帽，上身裸露，张弓欲射。第二人鸟首人身，顶生双角，四肢裸露，足践两蛇，探身欲奔。第三人方脸、大眼、高鼻，两臂上举，下肢纤细，足似鸡爪交叉而立。第四人形体奇异，头戴鸟首鹊尾帽，袖口略束，两臂外伸，双手如鸡爪，各执一蛇。中层绘着作为佳肴牺牲的珍禽异兽。下层分上、下两列。上列第一人低首扬袖而舞，一袖卷曲飘拂于前，一袖拖曳于后，舞姿十分优雅；第二人双手举桴击鼓。其后四人及下列五人都是奏乐唱歌的乐师。

这种形态怪异、气氛神秘的巫舞场面，又见于湖北荆门战国楚墓出土的“兵避太岁”铜戚。铜戚正反面铸有相同图案：一位头戴长羽、身披鳞皮的神人，双耳珥蛇，左手操蛇，右手操一双头怪兽，腰系蛇带，双腿半蹬，双足作鸟状，左足踏月，右足踩日，胯下有龙。

联系到湖北随州曾侯乙墓漆棺画中大量的“秃鹫啖蛇”图案和江陵马山楚墓出土彩绘漆木雕座屏上也存在的大量鸟啄蛇雕像，推断这种诡谲怪异的“踏蛇舞”可能是楚巫舞的一个重要品种。有学者指出，这种“踏蛇舞”隐喻楚先祖开创时代“筚路蓝缕，以处草莽”的险恶自然环境。南方气候湿热，多蛇，在楚先民的生存斗争中，降蛇当是重要的内容。也有学者认为，这种图案表明，当时的葬仪中有注重护尸防蛇的习俗。[②]另有学者则持“踏蛇舞”与生殖和生命崇拜有关的观点。认为这种舞蹈的一个基本造型动作，舞时大腿外分，裆部下沉，伴以大臂齐肩平伸，小臂上举，如“兵避太岁”铜戚上的神人造

---

① 河南省文物研究所. 信阳楚墓[M]. 北京：文物出版社，1986.

② 祝建华，汤池. 曾侯墓漆画初探[C]// 楚艺术研究. 武汉：湖北美术出版社，1990.

型，是对女性受媾、生育时的动作模仿，源于远古时期祭颂生命母神，讴歌生育的舞蹈。[①] 仁者见仁，智者见智，这种巫舞基本造型动作文化内涵的真正揭示，尚需时日。

1978 年夏，湖北省随县擂鼓墩战国早期曾侯乙墓出土了一件鸳鸯形漆盒，其中腹左右两侧描绘的是当时的巫舞场面，器腹右侧就是一幅击鼓舞蹈图。[②] 图中一虎形鼓座上挂一面建鼓，建鼓右侧一鸟首人身的乐师侧向而立，手执短桴，上下作击鼓状。鼓左侧是一戴冠佩剑的男巫，正举臂投足，高歌起舞。巫师的衣袖飘逸柔软，曲线婀娜多姿。舞师的形体大于鼓手，鼓手挥桴时注视着舞师。舞蹈场面相互呼应，主次分明。器腹左侧是一幅撞钟击磬图，画面中央悬挂钟磬，一鸟首人身的巫师正手执长棒撞钟奏乐。这两幅漆画，尤其是器腹右侧的“击鼓舞蹈”图，当可反映楚地巫舞的风貌。

荆楚巫舞中还有一个重要品种，即傩舞。傩舞相传始于商代，至周代而蔓延成风，是最显怪诞诡谲的巫舞。据《礼记·月令》，周代一年要举行三次傩祭。冬季十二月的一次规模最大，称为“大傩”。关于傩舞的记载最早见于《周礼·夏官·方相氏》：“方相氏掌蒙熊皮，黄金四目，玄衣朱裳，执戈扬盾，帅百隶而时傩，以索室敺(驱)疫。大丧，先柩，及墓入圹，以戈击四隅，敺方良(魍魉)。”这种傩舞在南方的荆楚地区尤其发达，曾侯乙墓出土的内棺左右两侧的漆绘图案(图7-1)上，就活灵活现绘着 16 位傩舞怪人。[③] 图中左右两侧各 8 人，兽面人身，手执双戈，顿足举臂，呼啸而舞。其中处在上层的 4 位，头戴似熊头的四目假面具，脚踩火焰纹，可能是古代文献记载的“傩仪”中的头领“方相氏”；处在下层的 4 位，头上有角。腮边长须，形若羊首，持戈起舞，应当是由方相氏率领的百隶装扮的神兽。

---

① 张君. 楚舞初探[C]// 楚艺术研究. 武汉：湖北美术出版社，1990.
②③ 湖北省博物馆. 曾侯乙墓[M]. 北京：文物出版社，1989.

图 7-1 曾侯乙墓内棺傩舞摹绘图(局部)

通过曾侯乙墓内棺漆画所绘的傩舞怪人，我们可以大略了解荆楚方相氏及所率兽人的奇幻形象。《后汉书・礼仪志》有汉代宫廷大傩的记载："大傩，谓之逐疫。其仪：……方相氏黄金四目，蒙熊皮，玄衣朱裳，执戈扬盾。十二兽有衣毛角。……以逐恶于禁中。……因作方相与十二兽舞。欢呼周遍，前后省三过，持炬火，送疫出端门。"看来，汉代的傩舞与先秦傩舞仪式过程大同小异：方相氏与神兽一边唱着吓唬鬼怪的歌，一边跳起驱鬼逐疫的舞。最后，手持火炬，把鬼疫送出门外，作为傩仪的结尾。

综观这些出土资料，我们可勾勒出荆楚巫舞的大体轮廓：

其一，动作造型，奇幻神诡。巫既然是人与神交接的媒介，巫舞便自然产生人神相间的艺术思维特征。巫舞的主角巫师常常佩戴面具头饰，装扮得似人似神。前述那种巫舞中最基本而又很典型的双手高举、曲膝跺步、踏地为节的怪异动作造型，或许正是巫师与神灵交接的“故作姿态”。

其二，以鼓为舞。出土资料和文献记载都证明，以鼓为舞是楚巫舞的一大特点。《东皇太一》云：“扬枹兮拊鼓。”《东君》云：“緪瑟兮交鼓。”《礼魂》云：“成礼兮会鼓。”击鼓贯穿于巫舞的全过程，是巫舞最重要的形式特征之一。所以王逸注云：“其祠必作歌乐鼓舞以乐诸神。”鼓点的疏密与人的意绪流动很能沟通，荆楚先民早就认识到这一点，巫舞的伴奏以击鼓为主，既能协调舞者的动作造型，又有利于煽起人们的狂热情绪。至今荆楚地区的民间乐舞，尤其是红白喜事等风俗性乐舞，鼓仍然是最主要的伴奏乐器。

其三，翘袖折腰，舞姿翩翩。如果以为荆楚巫舞除了怪异诡谲的造型，就是神秘奇幻的意境，那就误会了。荆楚巫舞具有祀神娱人的双重价值取向，因而常常是温情脉脉的，如前述《九歌》，就充满了人间情愫。《九歌》所祭之众神，不仅大多是与人的生活关系密切的自然神，而且都是人格化的靓男美女。他们有七情六欲，需要娱乐，也能娱乐。正是“荆巫脉脉传神话，野老婆娑起醉颜”；“女巫纷纷堂下舞，色似授兮意似兴”。这些唐人的诗意描摹倒颇中楚巫风韵之精妙。体现在舞蹈的造型动作中，就是楚宫廷宴飨乐舞大量出现翘袖折腰的舞姿。“巫女南音歌激楚”①，款款灵巫，纤腰轻飏，长袖飘逸，纵情声色。在这样的氛围里，神与人的距离拉近了，消失了。至高潮处，分不清何谓神，何谓人，也不必分清。人间之美和神界之奇合二而一，幻化出楚巫舞艺术最迷人的魅力。

所以，楚国的巫舞，尤其是上层社会和宫廷盛行的巫舞，经过高水平的职业巫师的加工提高，以及屈原、宋玉这样的通晓雅俗、熟谙巫史的文人的填词改编，早已脱离那种原始粗率的阶段，其艺术形式已非常优美成熟。而《九歌》这样的大型连场乐舞，则已有情节剧的雏形。

---

① 彭定求. 全唐诗［M］. 上海：上海古籍出版社，1986.

第三节　汉魏楚风

汉承秦制，主要是政治制度，文化艺术上则更多承袭于楚风传统。如《史记》里就有汉高祖刘邦谓宠姬戚夫人“为我楚舞，吾为若楚歌”的记录。

从文献和出土资料分析，汉代舞蹈的最大特点是“翘袖折腰”。《西京杂记》记：戚夫人“善为翘袖折腰之舞”。翘袖折腰与楚宫舞蹈的长袖细腰一脉相承，而在技艺上当有发展和创新。汉成帝宠爱的赵飞燕也十分擅长舞蹈，其态“体轻腰弱”，应该也是楚舞。据文献记载，赵飞燕腰骨纤细，身体轻捷，舞技超群，尤其长于表演一种叫“踽步”的舞步。“踽步”走起来“若人执花枝，颤颤然，他人莫可学也”①。“踽步”源于“禹步”，而“禹步”应当是南方巫舞中的一种步态。《荀子・非相》“禹跳”注称：“伪枯之病，步不相过，人曰禹步。”《法言・重黎》说：“巫步多禹。”“禹治水土、涉山川，病步，故行跛也。而俗巫多效禹步。”“禹步”既是一种巫女降神的舞步，又轻柔飘逸“如人执花枝，颤颤然”，与楚舞的风格也是很近似的。一直到东汉后期，楚舞仍十分流行。大将军梁冀之妻孙寿“善为妖态”，她所作的“折腰步”，也应是受到楚舞启发的。

傅毅在《舞赋》中描绘的《七盘舞》，据考大概是在盘上做折腰翘袖的姿态，难度比一般长袖舞更大，可能是翘袖折腰楚舞在汉代的杂技化发展。

汉代楚舞的具体形态，见于原属楚地的河南南阳汉画像石。② 其中一画的右方有两个细腰舞伎并列折腰翘袖而舞，应当就是戚夫人擅长的“翘袖折腰之舞”。折腰的方向不是向后，而是向侧面折九十度角的

---

① 彭松. 中国舞蹈史・秦汉部分[M]. 北京：文化艺术出版社，1984.

② 王建中，闪修山. 南阳两汉画像石[M]. 北京：文物出版社，1990.

"旁腰"，身体呈侧"三道弯"。两臂平抬，与折下的上身平行。长袖翘然平飞，舞姿优美别致，难度很高。

微山县两城山汉画像石也有翘袖折腰舞的场面。① 画面左边是一弹琴乐师，中间的舞伎作翘袖折腰之舞，这个折腰是向后"下腰"，上身微微侧倾，整个身体呈前后向"三道弯"，曲线丰富。

荆楚腹地湖北枝江市新近出土了汉画像砖，上有建鼓舞图。图中伏虎座上挂一建鼓，长袖细腰高冠的二舞伎折腰击鼓，对舞于鼓两侧，气韵生动。②

汉乐府中有巴渝鼓手 36 人，可能是表演《巴渝舞》的专业艺人。《巴渝舞》就是巴人的一支"板楯蛮"的舞蹈，而"板楯蛮"实际早已成为楚国境内的土著民族。如前所述，楚、巴文化水乳交融，《巴渝舞》也早已融进了楚国武舞的成分。汉、唐盛行的《巴渝舞》，当有更多的楚武舞因子。

大量的考古和文献材料都说明，楚国灭亡后，楚舞却整整活跃了西汉四百多年。汉代的大多数舞蹈都属楚舞体系。荆楚舞风是整个西汉舞坛的主旋律。直到东汉灵帝刘宏时，由于北方胡乐的大量引进，各民族的迁徙杂居引起乐舞艺术较大规模的迅速融合，这种独领风骚的局面才受到冲击，楚舞逐渐失去在舞坛的统治地位。但是楚舞的深远影响却并未结束，直到魏、晋、南北朝，楚乐舞仍然有着十分重要的地位。六朝时，以建业为中心的江南一带还流行巫觋祭神的歌舞《神弦歌》。《神弦歌》共十一曲，结构很像《九歌》，不过歌乐鼓舞所祀之神不似"东皇""云中君"那样的尊神，而是地方的山石水怪之神。王国维在《宋元戏曲史》中评说："楚辞之灵，殆以巫而兼尸之用者也。其词谓巫曰灵，谓神亦曰灵。……是则灵之为职，或偃蹇以像神，或婆娑以乐神，

---

① 彭松. 秦汉、魏、晋、南北朝的舞蹈[J]. 舞蹈艺术，(4).

② 黄建华. 枝江姚家巷出土的东汉画像砖[J]. 江汉考古，1991(1).

盖后世戏剧之萌芽，已有存焉者矣。”荆楚巫风、巫舞对后世乐舞艺术的影响极其深远。

在唐人的诗句中，楚舞还常常是赞美的对象。唐人笔下的楚舞多为巫舞。长袖细腰的灵巫和舞女被诗人们描摹得愈加婀娜多姿，楚楚动人：

> 荆巫脉脉传神语，野老婆娑起醉颜。日落风生庙门外，几人连踏竹歌还。（刘禹锡：《阳山庙观赛神》）
>
> 荆台呈妙舞，云雨半罗衣。袅袅腰疑折，褰褰袖欲飞。（张祜：《舞》）
>
> 女巫纷纷堂下舞，色似授兮意似与。（裴谞：《储潭庙》）
>
> 南有汉王祠，终朝走巫祝。歌舞散灵衣，荒哉旧风俗。（杜甫：《南池》）
>
> 楚袖萧条舞，巴弦趣数弹。（白居易：《留北客》）
>
> 舞急红腰软，歌迟翠黛低。（白居易：《三月三日祓禊洛滨》）
>
> 落魄江南载酒行，楚腰肠断掌中轻。（杜牧：《遣怀》）
>
> 春女颜如玉，怨歌阳春曲……纤腰弄明月，长袖舞春风。（刘希夷：《春女行》）
>
> 十二山晴花尽开，楚宫双阙对阳台。细腰争舞君沉醉，白日秦兵天下来。（李涉：《竹枝词》）

这样的诗句在《全唐诗》中还可摘出很多。很难设想，如果楚舞不是在唐代有相当影响，如果诗人们没有亲自看见过楚舞的表演，仅凭想象是不能把楚舞的形貌、神韵刻画得如此惟妙惟肖而令人神往的。

第四节 荆楚遗韵

自从秦王政二十四年(公元前 223 年)楚国灭亡，至今已两千年有余。当我们叹惜楚人的美妙舞姿湮灭于时间长河的时候，却发现在今天荆楚地区的民间乐舞中还储存有大量楚舞的信息，有的甚至可能保持着较为古老的楚舞风貌。真是长曳千年，流光不逝。

一、丧　舞

荆楚地区流行的丧舞俗称“跳丧鼓”，因目前丧舞最重要的伴奏乐器是鼓(在很多地区鼓也是唯一的伴奏乐器)而得名。有些地方也叫“打待尸”“绕棺游所”，土家族地区的丧舞又叫“跳撒忧儿嗬”。

湖北省秭归县三闾乡的丧舞共有八段，最核心的一段叫“凤凰展翅”，其他各段表演时都要穿插“凤凰展翅”的舞姿。“凤凰展翅”的基本形态是：舞者双臂上下波动，或单臂波动，时而两人对舞，时而上步相交，飞鸟的动态被刻画得惟妙惟肖。鸟是楚先民的图腾，是楚人的灵物，正是出于崇鸟心理，楚人才臆造出神奇美丽的凤凰。三闾丧舞自始至终贯穿着凤鸟的飞翔态势，流露出对凤鸟的虔敬、挚爱和眷恋，显然曾与楚先民的图腾崇拜有关。“凤凰展翅”的基本整体造型近似于曾侯乙墓内棺漆画上的羽人，其下肢动作与广西左江、内蒙古阴山发端于远古，辍笔于中古的岩画中的两腿外分、屈膝下沉、踏地为节的姿态尤为相似。据现有资料分析，这种姿态是上古时期巫舞的重要特征，秭归三闾丧舞的古老特性毋庸置疑。①

“十八锤”是八段中较激烈的一段。舞者两人一组，或相靠(民间原称，即以背紧贴)，或相对，时而屈膝冲拳，时而互击手掌，口中发出声声呼噪，显得剽悍勇猛，古朴刚劲。“凤凰展翅”的基本动作或

① 周耘. 孤岛“跳丧”报告[J]. 艺术与时代，1992(1).

以原形，或以变体，穿插其间。从套路名称到舞蹈形态，“十八锤”都透露出古代战争和原始狩猎生活的气息，可能有楚武舞的成分遗存。

最优雅的一段叫“美人梳头”。舞者身体微微向右侧倾，右臂自头的左前方向右后方轻柔地拂过。然后反向重复这个过程，一左一右为完整的一次。两人一组，或相对，或顺边，伴以下肢和腰部的轻微颤动，舞姿十分飘逸、俊美、洒脱。从舞者极力模仿女性的优雅娴静的气度来看，“美人梳头”最早恐怕是女性的舞蹈(现在民间流行的丧舞是不允许女性上场跳的)，或许就是女巫之舞。屈原在《招魂》中对选自各国的楚宫侍夜美女的不同发式曾有“盛鬋不同制，实满宫些；容态好比，顺弥代些”的动人描摹；而对表演《激楚》的舞女的漂亮发髻，更加之以“独秀先些”的美誉，发式的美丑看来是楚国宫廷鉴赏美女的重要标准。如前引《韩非子·二柄》说：“楚灵王好细腰，国中多饿人。”宫廷的审美意识自然会影响民间，三闾丧舞中的“美人梳头”可能是这种审美倾向的遗存；甚至就是楚国宫廷乐舞的民间流传。无独有偶，在荆楚地区的民歌里，也有以年轻姑娘梳头为演唱内容的。

长阳——巴东的土家族聚居区，是目前丧舞最流行的地区。土家族地区的丧舞中表现猛虎仪态的动作俯拾即是。而“猛虎下山”“虎抱头”等套路，更把虎的强悍威武表现到极致。这正是土家族先民巴人虎图腾的远古遗韵。但是，土家族丧舞的基本舞态既模拟猛虎的威武剽悍，又临摹凤鸟的神奇飘逸，崇虎与尊凤并存，并非纯粹巴文化基因遗传，而是巴楚文化融合的结晶。巴东野三关的丧舞，其结构形式与楚辞体式多有相似；而巴东后河的丧舞至今还以《国殇》原词入歌，土语衬词填充其间，恰好是这种文化融合的生动例证。

二、端公舞

江汉地区民间普遍流行端公舞。

端公，是这一地区民间对巫师的称谓。端公的职能是以歌舞娱神，以法术驱鬼，兼及为人治病，实即古代的巫觋。

端公舞即是端公做法事时的舞蹈。端公历来春祭禾苗，秋祭山川，平时给人治病也做斋拜。在鄂东地区，做法事时通常先设一坛，即在门前搭起帐篷，悬挂神像，摆设香炉供品。端公头戴顶冠，身着红布长衫，左手执卦，右手拿师刀(端公特制的做法事的刀)，在坛上边舞边唱。其舞蹈多以下沉、摇摆、扭动为主，脚下十分讲究线路图案的变化，姿态与曾侯乙墓内棺漆画上的方相氏近似。

如湖北谷城的端公舞，常常从傍晚开始至次日清晨结束。共有九场乐舞，分别为《迎銮接驾》《铺坛》《请神》《安神》《祭神》《杂耍》《散花》《参厨》《送神》。结构与《九歌》显然颇有相似之处。内容是仙俗兼备，如《杂耍》《散花》两场，就是杂技化的民间乐舞，既乐神，也娱人。为显示出人对神的虔诚，谷城端公舞在舞蹈过程中，“端公”要用“月斧”(端公用银制月牙形小斧)割破自己的额头，取人血掺和鸡血祭祀神灵。做一夜法事，竟要三次割破头皮，楚人对神灵的赤诚可见一斑。

在南楚沅、湘间的一些少数民族地区，端公舞显得更粗犷、豪放。如湖南会同侗寨的端公舞——扛菩萨，就剽悍、勇猛，别有古朴原始的风韵。

三、摆手舞

鄂西南和湘西土家族地区流行摆手舞。过去，摆手舞用来祭祖先、庆丰收，祈求兴旺；现在，则已成为土家人的集体娱乐活动。土家族村寨都设有摆手堂或摆手坝，摆手舞就在那里进行。

每逢新年佳节，身穿节日盛装的土家族男女老少，在一阵阵锣鼓、鞭炮和牛角声中汇集一起，由“土老师”(土人巫师，土语叫“梯玛”，现在多称“土老师”)主持举行摆手仪式。然后，人们组成内外两个圆圈，男女相携，摆动双手，迈开舞步，合着有力的鼓点，进退自如，欢歌狂舞，通宵达旦。

摆手舞有“大摆手”和“小摆手”之分。“小摆手”多模拟农事动作，属村寨各自的小规模活动，舞蹈的特点是小幅度摆手。“大摆手”多模拟军事动作，是全族(指某一聚居区)进行的大规模活动，舞蹈的特点是大幅度摆手，中间还穿插一些演习性的军事活动。例如湘西龙山县马蹄寨举行摆手舞的日子，附近村寨的青壮年都要手执刀枪，身披绚丽的土织花布，在鞭炮声中涌向马蹄寨的八都大神庙，先表演武术，再转入摆手舞。① 由此看来，“大摆手”与古代巴人的武舞——巴渝舞应该有渊源关系。《汉书·南蛮传》说：“阆中有渝水，其人多居水左右，天性劲勇，初为汉前锋，数陷阵，俗善歌舞，高祖观之，曰：‘此武王伐纣时歌也。’乃命乐工习之，所谓巴渝舞。”土家族是巴人的后裔，土家族的摆手舞极有可能由巴渝舞演变而来。

四、道教法事中的舞蹈及其他

楚地道教法事中的舞蹈也有楚巫舞的遗迹。武当山道教法事中有一种舞步就叫“禹步”，道人又称其为“步罡踏斗”。武汉音乐学院采集录制的武当山道教音乐舞蹈的资料中，就有喇万慧道长表演的这种风格古朴的舞蹈。老道长在“上祖师表”的科仪中，口念经文，高举宝剑，左进右迈，步如穿梭。舞步富有变化又颇见章法，老道长自称“踩八卦”②。这可能是楚巫舞的舞步传承。如前所述，古代的巫是以歌舞降神的舞蹈者，而巫舞中就有“禹步”。葛洪在《仙药》中描述过这种原始巫舞的步态，“前举左，右过左，左就右。次举右，左过右，右就左。次举左，右过左，左就右。如此三步，当满二丈一尺，后有九迹”。“踩八卦”与此实乃异曲同工。楚地的民间伙居道做法事时要走“踩罡”步，与“踩八卦”大同小异。道教与楚人的信仰习俗有密切的关系，道教法事中的舞蹈动作表现出部分楚巫舞的特征是很自然的。

---

① 董其祥. 巴渝舞源流考[J]. 重庆师院学报：哲学社会科学版，1984(4).

② 刘红. 武当山道教音乐与楚文化[C]// 楚文艺论集. 武汉：湖北美术出版社，1991.

荆楚地区至今还流行的神歌、火麻舞、傩舞等民间风俗性乐舞，其源头可能都与楚先民的原始巫舞有关。这些舞蹈的一个共同特征就是祀神与娱人并重。如湖南《冲傩》的伴歌："绿豆开花从心起，重新修起后花园；修起花园把花栽，后花园里等哥来。"湖北的跳丧鼓则这样唱："姐儿生得一脸白，眉毛弯弯眼睛黑；眉毛弯弯好饮水，眼睛黑来好贪色，夜里无郎睡不得。"在具有宗教色彩的场合唱这种几近狎昵的情歌，正是荆楚巫文化的一大特色。《九歌》中，湘君、湘夫人的爱情哀怨悲愤，缠绵悱恻；山鬼对爱情的追求，更是热烈而近乎狂肆。闻一多先生在《什么是〈九歌〉》中精辟地指出："原始生活中，宗教与性爱颇不易分，所以虽猥亵而仍不妨为享神之乐。"荆楚民间巫舞中大量的情爱内容，正是其自身悠远历史的旁证。

荆楚地区流传的一些少数民族的歌舞活动，还保留有《九歌》里记录的一些楚俗。例如湘西一带还有类似"传芭代舞"和"展诗会舞"的古楚遗俗。[1] 在侗乡苗寨，欢度节日时要举行"击鼓传花"的游戏歌舞。届时，大家围成圆圈，一人手拿香草或柳条，踏着疾疾鼓点，顺时针方向急速传递。鼓声止时，香草落在谁手中，谁就得歌舞一番，与"传芭代舞"的情形十分吻合。在"送旱龙船"和"完灵光倡"的酬神节日里，村与村送交神像和龙船模型时，由巫师领、众人和的送迎礼仪歌舞，恰是一幅"展诗会舞"图。

---

① 周冰，曾岚. 巫舞与《九歌》初探[J]. 舞蹈艺术，(5).

第八章　荆楚八音

金、石、土、革、丝、木、匏、竹，西周宫廷乐器据其制作材料的质地分为八类，史称“八音”。先秦时期的南方楚人不仅是“八音”乐器的肇始者，也是金石之声的直接运用者，而且还据其所需，改进、完善了八音体系中部分乐器的音乐性能，赋予了八音体系鲜明的荆楚地方特点。

第一节　金类乐器

“八音”之中以金为首，金类乐器以钟为尊。西周时期，青铜编钟是与鼎簋并列的礼乐重器。在这种文化传统下，两周之际的荆楚南国地区，随着芈姓楚人及其国家的日渐强盛，也逐步建立起以钟鼎为标志的礼乐彝器制度。

“昔我先王熊绎，与吕伋、王孙牟、燮父、禽父，并事康王，四国皆有分，我独无有。”“今吾使人于周，求鼎以为分”，“齐、晋、鲁、卫，其封皆受宝器，我独无”。上引《左传》《史记》的文辞都记载着熊绎受封未得宝器的史实。周康王时为公元前 10 世纪，此时楚人虽受封为国，但其经济落后，名号卑微，“辟在荆山、筚路蓝缕。跋涉山林，以事天子。唯是桃弧、棘矢，以共御王事”。初立的楚国尚未具备钟鼎宝器。

然而，至楚庄王时，楚人即具备了可以“日夜为乐”的金石之声。至屈原时，以钟为首的荆楚八音体系不仅早已形成，而且楚钟的音乐表现能力也已大为提高，在“张《咸池》，奏《承云》”之时，创造了“宫廷震惊，发《激楚》些”的艺术效果。

与文献记载正相吻合，迄今已知的荆楚青铜钟类乐器可追溯到殷商时期，包括铙、甬钟、镈等多种形制，尤其是南方类型的铙、镈，很可能是西周编钟的源头之一。但作为立国荆楚大地的诸侯政权，两周时期的宫廷青铜编钟具有从无到有、从少到多、从仿制到独创的过程。其音响效果逐渐丰富，音乐性能日趋完善。

在迄今已知的音乐文物中，荆楚编钟多达20余批240多件。时代最早的楚公豪钟是西周中晚期的遗物，① 它具有同期中原地区青铜甬钟的音乐性能和风格特征。

进入春秋之后，楚钟由8件成套演进而为9件成编和钮钟、甬钟并存的时期，在此基础上形成了8件套钟一组与9件套钟二组合套成编，即26件甬钟分上下两层悬挂演奏的较大规模，② 进而出现了相应的音乐性能发展和社会功能转变。

战国早中期，荆楚编钟出现13件成套的规范化编制，以及36件、64件成编的巨大规模，掀起了金石之声的高潮。值得注意的是，属于这一时期的楚墓出土的编钟，还有一种与上述现象反向发展的倾向，即木质编钟明器的出土。这标志着南方楚人在新时势下一种新观念的形成。

公元前278年郢都沦陷后，楚钟数量和质地明显衰变，甚至陶质编钟成为高级贵族的随葬品，反映出歌乐舞艺术随着政权衰败而日益向民间歌乐舞艺术发展的史实。

1979年，河南淅川下寺发掘楚墓25座，③ 其中9座中上层贵族墓中有3座(M_1，M_2，M_{10})出土了青铜编钟，共44件，分为9件编钟成套和26件铜钟为编的两种形式。1号墓出土的9件套敬事天王钟具有如下音列特征：后8件钟保持西周中原8件套编钟羽、宫、角、羽的常规性框架，仅将第3号钟(即此9件套的第4号钟)的正鼓音(羽)改铸为商，将

① 王世明.西周暨春秋战国时代编钟铭文的排列形式[C]// 中国考古学研究.北京：文物出版社.

② 赵世纲.淅川楚墓王孙诰钟的分析[J].江汉考古，1986(2).

③ 河南省丹江库区文物发掘队.河南省淅川县下寺春秋楚墓[J].文物，1980(10).

商音纳入编钟音列之中，一反西周编钟音列排斥商音的传统。此外，在西周传统8件套编钟之前，增铸正鼓音为徵的低音首钟，使徵音仅铸于侧鼓部的西周定制得以初步改变。上述两点变通，不仅补充和突出了商、徵二音的地位和作用，扩展了编钟为旋律起伏、婉转之南音表演所必须具备的基本功能，其音列结构符合至今仍体现在南方传统民歌和民乐上的习惯和特点，而且使编钟正鼓音音列形成了完整的徵、羽、宫、商、角系统。这不同于《吕氏春秋》记载的宫、商、角、徵、羽中原音列传统，却与《管子·地员篇》记录的生律法所产生的音列结构相符合。

春秋时期荆楚编钟的双音调式控制痕迹十分明显。敬事天王钟即显然经人工调整为大三度双音钟4件，小三度双音钟5件。其调式方法与中原传统方法相同，即在钟体鼓部内壁施用了“剡”(即刮削)和“磨”(即锉磨)。但调整后的音响效果，却与中原钟以偏向纯律小三度音程关系为主的倾向性略有不同，而多为大小三度音程同时流布，仿佛具有早期铜钟未经规范时的特征。其实，这与其说是历史的反归，不如说是楚人音乐认识水平和乐器制作能力的提高。因为这时的大小三度音程关系，并非双音钟问世之初多种音程的自然混存，而是人为地控制它呈一定规律地分布在编钟正侧鼓部，进而使正鼓部音列呈现出前述的徵、羽、宫、商、角音列关系，正侧鼓部音同时使用，则可组成完整的徵、羽、变宫、宫、商、角、变徵七声旧音阶体系。而它略施变化，以徵为宫，即可在艺术实践中形成半音关系在第三级和第四级音之间的新音阶结构，使中原“钟不过以动声”的传统，[①] 在一定限度内增添了“以行之”的旋律演奏功能，初步满足了荆楚南音旋律级进柔婉的演唱实践要求。

楚钟发展过程中的典型音乐特征，是音列结构的不断完善，旋律功能的逐步发展，进而在南音传统的地域性艺术氛围中，逐渐具备了在中

---

① 国语[M].上海：上海古籍出版社，1982.

原编钟节奏作用基础之上的乐曲旋律演奏功能，由此极大地丰富了传统金石之声的艺术表现。

王孙诰钟与敬事天王钟同见于淅川下寺楚墓，① 它由 26 件甬钟组合而成，据其纹饰、形制以及编钟出土时在墓葬中的排列位置，可知它实际上是 8 件套大型甬钟一组和 9 件套中小型甬钟两组共同合编而成(图 8-1)。其中 8 件套大钟为低音钟，悬挂在钟架的下层；两组 9 件套钟为中高音组钟，悬挂在钟架的上层。下层甬钟从左到右，按大小顺序排列，音域从 G 到 g^1，恰好跨两个八度。上层甬钟 18 件与下层甬钟的悬挂方向相反，即从右到左按大小顺序排列，音域从 $^{\#}c^1$ 到 c^4。根据先秦时期的青铜器和湖北随州擂鼓墩 1 号墓出土鸳鸯盒上的撞钟起舞图(图 8-2)可知，像王孙诰钟这类分上下层悬挂的编钟，在演奏时，上层钟的演奏者立于钟架后面，双手各握一钟槌，面向悬钟举臂仰击；下层低音大钟的演奏者站在钟架前，双手持一根粗钟棒，面向观众反向撞钟“以动声”。

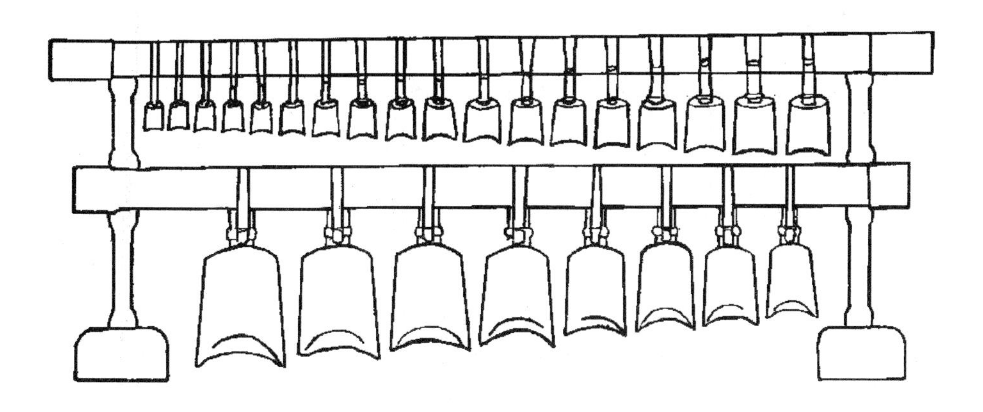

图 8-1 王孙诰钟悬挂复原图

① 赵世纲. 淅川楚墓王孙诰钟的分析[J]. 江汉考古，1986(3).

图 8-2　撞钟起舞摹绘图

王孙诰钟 26 件，能发出 52 个乐音，据检测，其中 8 件钟的正鼓音与另外八件钟的侧鼓音音位相同，2 件钟的侧鼓音音位一致，各钟的正鼓音不存在相互重叠出现的情况。这样，王孙诰钟实际能演奏的不同音位的乐音有 39 个，整套编钟具有从 G 到 c^4 共四个半八度宽的音域范围。

下层低音组甬钟 8 件，在所跨 G 至 g^1 的音域内，缺 #G、A、B、C、e、g、#g、a、b、d、f^1、#f^1 等十余个音。也就是说，低音组二个八度音域范围中的缺音现象较为严重，能产生的乐音只能构成十分稀疏的音阶，正鼓音仅可演奏 #F 宫调乐曲中的羽、宫、角[la、do、mi]等骨干三声音列，正侧鼓音一起使用也只能构成 #F 宫调的羽、宫、角、徵[la、do、mi、sol]等四声音列和 C 宫、F 宫等调的一些三声音列。这些三声、四声音列正是人类所具有的早期且基本的音乐形态之一，也是至今作为荆楚等南方传统民间歌曲重要特点的基本行腔音列(详第十章第一节)。因此，这 8 件低音钟继承着中原编钟“以动声”的传统功能，适宜于演奏音阶骨干音，伴奏三声、四声音列或以之行腔为歌的荆楚音乐曲调，其作用以加强低音和声效果，突出旋律骨干音为主。

上层甬钟 18 件，奏出的最低音是 #c^1，最高音为 c^4。在这将近三个八度的音域范围内，它们的不同音位乐音可构成较为完整的音列结构，演奏正鼓音即可构成E宫、B宫等调式的七声新音阶结构，如果正侧鼓音一起运用，则多数音阶具有半音关系，五声、六声、七声音阶俱全，并能在四宫以上旋宫转调，有独立演奏乐曲旋律的可能性。这样，至迟在春秋中晚期，随着楚国的发展，荆楚南音得到了初步规范和条理。编钟作为时间性音乐艺术规范化过程中的物化形态，其音阶、音列和可能产生的音乐效果，反映出当时荆楚音乐已有了在趋于完整的半音音列中选择乐音，使用三声腔和五声、六声乃至七声音阶，在某些调上旋宫转调演奏乐曲的可能。

王孙诰钟，由音阶骨干音突出、音域处于低声区的大型甬钟，与完全有能力担任旋律演奏、音域恰为音色悦耳之中高声区的中小型编钟有机组合而成。这种音乐性能结构的变化，使青铜钟从中原传统演奏于郊庙之中、祭祀之时以渲染气氛的宗教性节奏乐器，发展为独立演奏乐曲，表现情感内容及其变化的艺术性旋律乐器，成为先秦钟类乐器发展史中的重要里程碑。

在荆楚地区属于春秋战国之交的墓葬中，出土过数批以13件铜钟成编的乐器。其中，性能较佳的，是1957年河南信阳长台关1号墓出土的𨜵篙钟。①

为了研究13件套编钟与9件套编钟的相互关系，探讨荆楚音乐的演进逻辑，我们先将𨜵篙钟与前述敬事天王钟的音列比较图附于下面（图8-3）。为比较的方便，它们的阶名以楚系音乐理论（详第十章）表示。

𨜵篙钟以♯f为宫(第4件钟的正鼓音)，与敬事天王钟相比较，其音列中增加的正鼓音为羽曾(第1件钟和第7件钟)、徵(第8件钟)、宫(第10件钟)(分见图中△符号处)。加上侧鼓部新出现的徵角、宫曾、徵曾、羽角等音(分见图中○符号处)，按传统说法，其音列中包括的

① 河南省文物研究所.信阳楚墓[M].北京：文物出版社，1986；黄翔鹏.先秦编钟音阶结构的断代研究[J].江汉考古，1982(2).

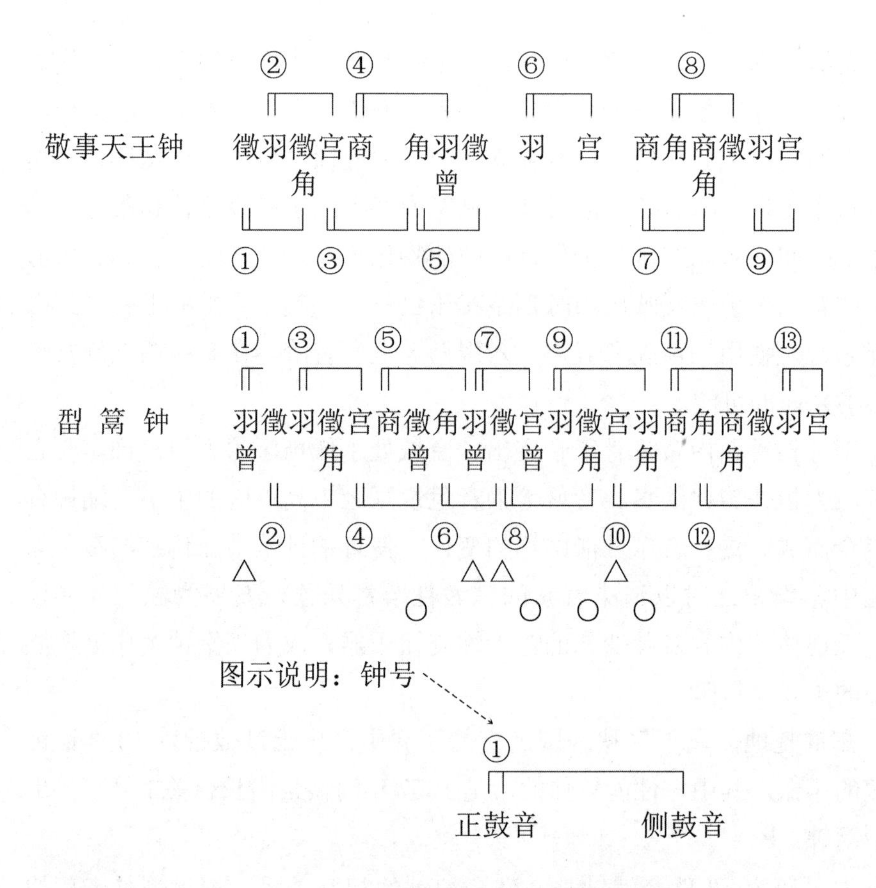

图 8-3 敬事天王钟与瞿篙钟音位比较图

五正声（宫、商、角、徵、羽）之外的变声更趋丰富，音列中除具有9件套编钟已存在的商角(即前述变徵)、徵角(即变宫)两音外，新出现了徵曾、羽曾、宫曾、羽角四个音，因而在原来9件套钟已具有的七声旧音阶基础上，向更多、更完善的半音关系结构跨出了新的一步。

再说上述音列的变化，主要集中在它的中间区域，与敬事天王钟相比，除第1件钟新增之外，另外3件有新出现之正鼓音的钟均在中间——第7、第8、第10件钟上。也就是说，编钟编列的变化，仍保持在原来的基本框架之中，在总体继承中原文化传统的前提下，予以富有荆楚地方性特色的变通与发展。

随着更多变声的出现，郘篙钟具备了在有限音域、较小规模中演奏更多音阶与调式的能力，旋宫转调性能和旋律演奏功能日渐成为重要的音乐表现手段。应该说，这种发展正是楚地音乐富于情感变化、旋律起伏委婉的演唱风格在乐器上的表现。它促进了古代乐器由节奏性能向旋律演奏功能的演进，而乐器音乐性能的发展，又极大地丰富了歌乐舞的艺术实践，可以让楚人用更多的表现手段宣泄内心的情感。

荆楚编钟经过上述发展之后，能造就曾侯乙编钟这一迄今无双的大型古代青铜乐器精品，就是意料之外、情理之中的事实了。

曾侯乙编钟于 1978 年出土于随县(今随州市)擂鼓墩 1 号墓，下葬年代约为公元前 433 年。① 全套编钟 64 件，其中钮钟 19 件分三组悬挂于钟架上层，甬钟 45 件分五组悬挂于钟架的中下层。此外，楚惠王所赠送的一件大型铜镈，可能是下葬时临时入编，它使下层大型甬钟的悬挂位置发生了移动，并使一件“大羿”钟未入编下葬。

将演奏实用的中下层 45 件甬钟与同类型的王孙诰钟比较，可以发现，荆楚编钟的音乐性能又有了进一步发展。如：整个音域向下方扩展了半个八度，构成了从 c 音至 c^4 音这样五个完整八度的有效音域；音列中变化音(“变声”)更趋完整，组成的音阶结构更为完善。作为低音和声、节奏演奏的下层 12 件大型甬钟，其音域起于大字组的 C 音止于小字组的 b 音，其间几乎具备完整的半音结构，可演奏多种宫调的五声、六声、七声音阶旋律。中层三个组的甬钟音色悦耳，音区适中，为主奏旋律的重要乐器。其音域从小字组的 g 到小字四组的 c，超过三个八度，而且其中有两个八度具备十二半音音列结构(图 8-4)。所有 45 件甬钟以姑洗宫(相当于现代的 C 大调)为主，以五声、六声、七声新音阶结构为基本骨干音列，具有六宫以上旋宫转调的能力，可演奏南北乐曲，适应于春秋战国之际文化空前交融的时代要求和不断发展的荆楚歌乐舞艺术实践需要。

---

① 湖北省博物馆. 曾侯乙墓[M]. 北京：文物出版社，1989.

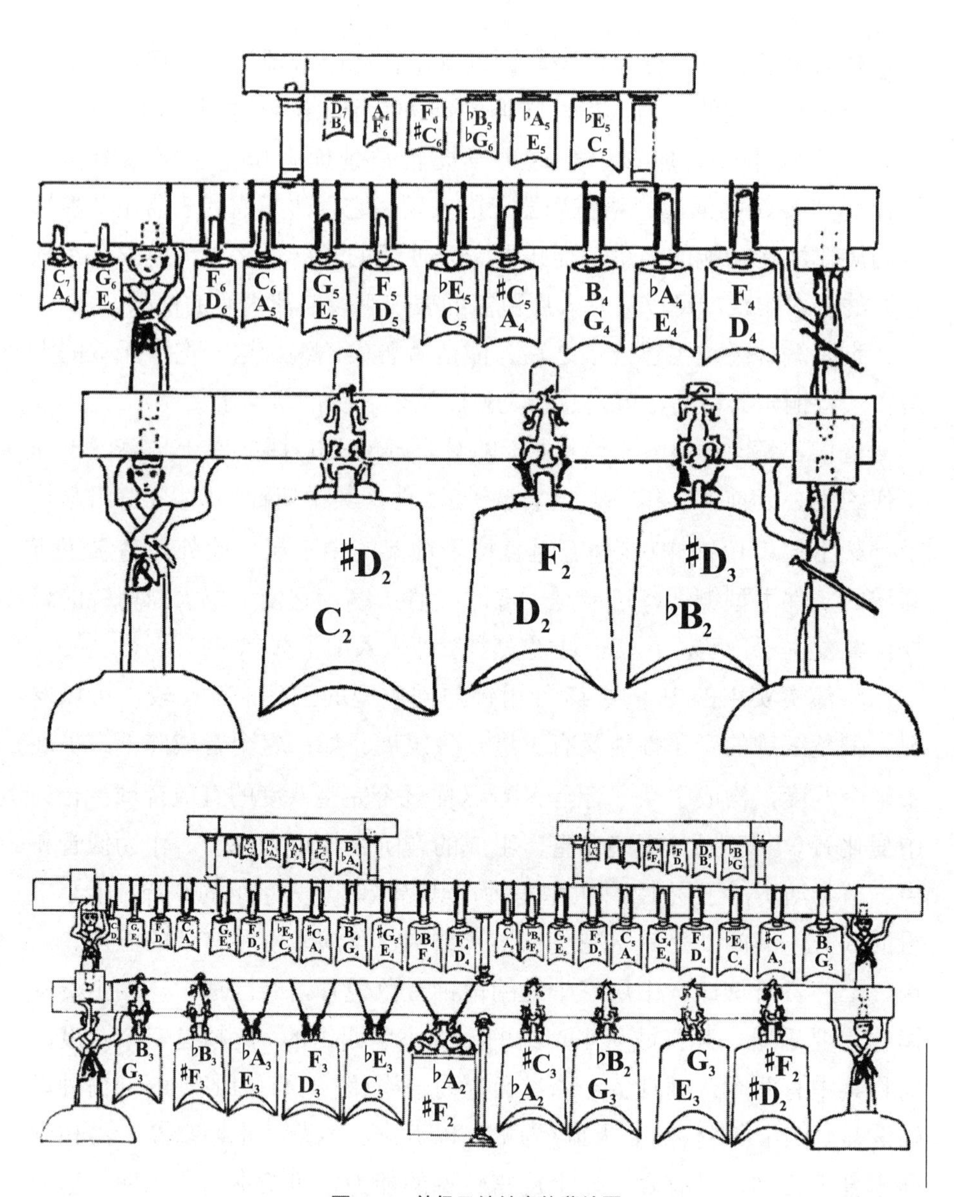

图 8-4 曾侯乙编钟音位摹绘图

上层钮钟 19 件，音域在小字一组的♯f 至小字四组的♯d 之间，但其排列紊杂，各组编钟难以奏出高低有序的规律化音列，难以用于演奏。从形制、纹饰、铭文和实际音高等方面考察，可发现上层一组的钮钟与上层二、三组钮钟之间颇有差异。上层二、三组钮钟合编，根据钟架上遗留的曾开孔悬挂钮钟的痕迹，可知两组钮钟原为一组，以及悬挂于后来中层一组甬钟所悬之处的原貌。两组按原貌合编为 14 件成套后，就能达到五音完整，七声具备，还带有一定变化音，能在两个多八度的音域内演奏无罣均(相当于现代的 ♯F 调)。①

这样，我们可确认，出土的曾侯乙编钟成套规模已不是铸造之初的原始结构。但荆楚地区特殊的文化环境、艺术追求以及楚地统治者崇钟的社会风尚，使这不同风格的 65 件编钟合为一套，综合运用于荆楚歌乐舞艺术实践中。在主人去世时，礼乐重器随葬入墓，这时它又一次重新编列，加进了楚王镈，终于形成了震撼今人的巨大规模，并为我们集中展示出荆楚音乐艺术的辉煌成果。

楚钟在春秋中期的 9 件套敬事天王钟、倗钟的时期，其音列即已显示出按《管子·地员篇》生律法系列排序，即以徵、羽、宫、商、角为基础骨干音构成音阶的特点，并出现了变徵(即商角)、变宫(即徵角)等变化音。至瑠篙钟和王孙诰钟，随着纯律大小三度音程在变化音上的合理应用，产生了以徵、羽、宫、商、角五声骨干音为主的七声之外的变化音体系。曾侯乙编钟颧曾关系的规范，以及五度关系为框架、三度关系为枢纽的音乐艺术实践和理论总结(详第十章：荆楚乐律)，使这种变化音体系在乐器音位排列、音阶构成中得以完善。

楚钟数量的增多，性能的完善，与楚人尚钟之风互为因果。

据文献记载，公元前 506 年，伍子胥率吴国军队入郢都，“烧高府之粟，破九龙之钟”②。烧粟无疑为削弱楚人的经济实力，毁九龙钟则正是楚人尚钟的力证!当时的编钟已成为楚国王权的象征，吴人攻占楚都，势必破九钟。

---

① 谭维四，冯光生. 关于曾侯乙编钟钮钟音乐性能的浅见[J]. 音乐研究，1981(2).

② 刘安. 淮南子[M]. 上海：上海古籍出版社，1993.

无独有偶，曾侯乙编钟的下层大型甬钟中，有9件以变形兽装饰挂钩悬拄，变形兽似龙如虎，恰好九个。联系上述九龙之钟，考察该墓随葬的九鼎八簋等青铜礼器，可使我们感受到尚钟的烈烈楚风。

中国青铜文化由商代的滥觞和西周的繁荣，至春秋已进入衰微阶段。与之相应，中原青铜编钟制作日渐粗糙，性能停滞少进。但同时代的荆楚编钟却不仅纹饰精美，铸造精良，而且成为规模宏大的礼乐重器，其地位之高乃至过于鼎簋之上。较之中原，楚地编钟数量有过之，质量有过之，音乐性能更有过之，以至楚史学家发出了楚人的重器与其说是鼎，不如说是钟的感叹。①

尚钟之风使楚钟音形俱佳的同时，还造就了楚人钟氏的特殊地位。

据文献记载，春秋中期楚地曾有仿效中原以师为氏的乐人，以及名为伶人的乐官钟氏。春秋晚期，楚乐官称“尹”，而尚钟之风，使钟氏乐人世为“乐尹”。

与春秋时期的其他诸侯国乐师不同，楚国的乐尹地位很高。伶人世家出身的钟仪曾任郧公，一度出征不幸被俘，囚于晋，仍称述先人世职，琴操荆楚土风。晋人以钟仪为君子，“重为之礼”，送回楚国，使晋楚修好。②

公元前506年，伍子胥率兵五战及郢，楚昭王与其妹季芈弃都避难，大夫钟建负季芈而行。复国之后，昭王以季芈妻钟建，以钟建为乐尹。③古人注云，乐尹者，楚之司乐大夫也。

“唯王五十又六祀，返自西阳，楚王酓章乍曾侯乙宗彝，寘之于西阳，其永時用享。”这是与曾侯乙编钟同出于随州擂鼓墩1号墓的铜镈上的铭文。④它记载了曾国国君逝世，楚惠王为之铸赠此镈以祭奠的史实。出土时它悬挂在编钟下层的中心位置，其重要地位不言而喻。

---

① 张正明.楚文化史[M].上海：上海人民出版社，1989.

②③ 杨伯峻.春秋左传注[M].北京：中华书局，1981.

④ 湖北省博物馆.曾侯乙墓[M].北京：文物出版社，1989.

镈，形如大钟，但口部平直，纽部多为雕花造型。《仪礼·大射礼》记："其南镈。"郑玄注："镈如钟而大，奏乐，以鼓镈为节。"《说文解字》云："镈，大钟，錞于之属，所以应钟磬也。"

迄今已知的楚镈在30件以上，它们分成两种情况。一种像楚惠王镈，出土时仅1件，为伍的是甬钟、钮钟等它类乐器。另一种情况是数件铜镈成编悬挂，构成编镈，这在楚系墓葬中已数次发现。

楚王酓章(惠王)镈高92.5厘米，重达134.8公斤，据测音分析，该镈亦有正、侧鼓音之别，其中正鼓音音高为♯F，侧鼓音音高是♯A。

将出土实物对证文献记载，楚镈应使用于钟磬乐队之中。击节以动声是它的主要功能。

公元前605年秋，楚庄王与若敖氏战于皋浒，斗越椒伯棼射庄王，"著于丁宁"①。这段史料记载了楚人的另一种青铜乐器——丁宁。

丁宁即钲，一种军乐器。"似铃，柄中上下通。"②江陵雨台山488号墓出土1件(图8-5)，体呈圆筒形，于部下凹，舞呈平面，甬部上粗下细，底端有一圆环，通高27厘米。③

在湖南长沙，湖北宜城、江陵等地区的楚墓中，还出土有史称为铎的青铜乐器，其形体宽短，平于，圆体，舞部中间有与体相通的短方銎。宜城楚皇城出土1件(图8-6)，出土时銎内尚存长约20厘米的残木柄。④

"铎，大铃也。军法五人为伍，五伍为两，两司马执铎。"⑤可见先秦的铎也是一种军乐器。据《国语·吴语》记载，晋吴黄池争盟首，吴王怒而"秉枹亲就鸣钟鼓、丁宁、錞于，振铎，勇怯尽应，三军皆哗"。文中除提及钟、鼓等乐器之外，也记载了铎的军乐器功能及其振而奏之的方法。

---

① 杨伯峻.春秋左传注[M].北京：中华书局，1981.

②⑤ 段玉裁.说文解字注[M].上海：上海古籍出版社，1981.

③ 荆州地区博物馆.江陵雨台山楚墓[M].北京：文物出版社，1984.

④ 楚皇城考古发掘队.湖北宜城楚皇城战国秦汉墓[J].考古，1980(2).

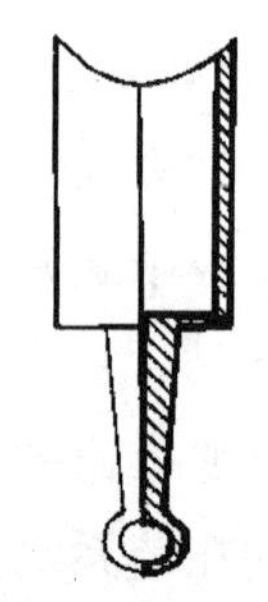

图 8-5 江陵雨台山488号墓出土钲摹绘图

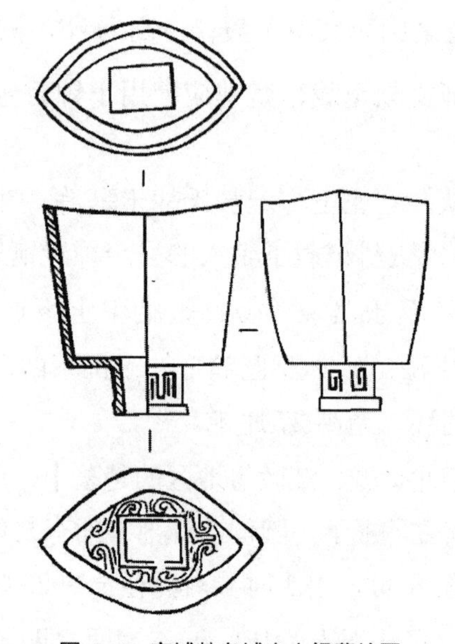

图 8-6 宜城楚皇城出土铎摹绘图

除上述钟、镈、钲(丁宁)、铎等品种外，出土于楚系墓葬的金类乐器，还有铙、錞于(见于楚系蔡侯墓)以及铃。

楚墓出土的青铜铃相当多，它们多呈扁状合瓦形，腹部有镂孔，有的口部与肩部同宽，口微上凹，宽肩小钮；有的则口宽肩窄，口呈凹状、钮与肩近宽、形体短厚。这些铃可能是兽、车、船等物体上的装饰器，也有可能是动而出声以伴歌舞的器具。《周礼·春官·巾车》云："大祭祀，鸣铃以应鸡人。"大量的青铜铃出土在中小型楚墓中，不能不使人怀疑民间以铃为饰和墓主人与"鸣铃"之职有某种联系。

第二节 石类乐器

“八音”之中，金居首位，石随其后。楚人尚钟，而磬则因其与钟配用的传统而受到楚人重视，其虽在地域特点方面较楚钟略为逊色，但它也不乏自己的风格。

迄今所知荆楚地区出土的先秦编磬约十余批，年代最早者可追溯至夏商时期。其形制、功能和音乐性能多同于中原，主要的变通与发展，可以江陵纪南城出土的彩绘编磬和随州擂鼓墩1号墓出土的曾侯乙编磬为代表，前者体现出楚磬在纹饰的变通，后者则反映出编磬在性能上的发展。

彩绘编磬25件，1970年3月出土。① 出土时大型石磬在下，小型石磬在上，磬的股部两两相接，有规律地叠置为半圆形于一土台之上。石磬大部分保存完整，仅第2件断而为三，第7、第9、第10件都一分为二，第25件残存一半；此外，部分磬的表面有所侵蚀。这25件彩绘编磬中，鼓博最大的为16.5厘米，最小的为8.2厘米。鼓上边在61厘米至22厘米之间，鼓下边尺寸的变化未超过51.1厘米至17.2厘米的范围。其股博大不逾20.1厘米、小不过9.2厘米，股上边在43厘米至16.5厘米的范围里，股下边在33.3厘米至10.5厘米的区间中。整套编磬中最厚的5.8厘米，最大倨句150度；最薄的3.7厘米，最小倨句142度。

25件编磬除4件断裂修复后发音结果存疑，1件残缺而无法测音外，其他的仍有优美悦耳的音质和较为清晰的音响效果。据测定，其音域在小字一组的♯d至小字三组的b这一范围内。

尤为引人注目的是，25件磬体表面仍保存着彩绘纹饰和类似浮雕的凹凸造型，它们以一至三只凤鸟为主题，采用打破、拆散、重组的浪漫夸张手法布局、构图。作为主题的凤鸟千姿百态、活灵活现，作为填充

① 湖北省博物馆. 湖北江陵发现的楚国彩绘石编磬及其相关的问题[J]. 考古, 1972(3).

和衬托的鸟羽花纹繁缛交错、层次分明。所绘凤鸟，有的回首展翅欲飞，有的张口昂首翘尾合翅；有的身躯丰满线条清晰，有的却仅露首尾，用笔洗练简洁。作者抓住凤鸟振翅起飞、合羽落地等瞬间性的口、首、翅、体、腿、爪、羽、尾等部位的细微神态，并对不同情况下的特征部位大胆夸张，使整个画面特点鲜明，栩栩如生，颇具动感。

绘图于磬体表面的做法，早见于殷商时期的中原地区。但饰之以凤鸟，目前却仅见于荆楚，且整个构图手法较之中原大相径庭，浪漫主义艺术风格极为鲜明。

击之，令人神驰；视之，令人目迷。听觉艺术被赋予了突出的视觉效果，中原传统融入了鲜明的荆楚特征。它们不仅反映出楚地民族崇尚凤鸟的审美意识，而且寓意深刻地讲述着“听凤鸟之鸣，以别十二律”的古老神话传说。①

当传统“以动声”的青铜编钟在楚地乐舞实践中旋律性能日趋完善时，荆楚编磬的音列结构也渐趋合理，使“以行之”的旋律性效果同样有所发展。

曾侯乙编磬与曾侯乙编钟同出土于随州擂鼓墩 1 号墓。② 它按 10 件、6 件、10 件、6 件这样的数目编为四组，分两层悬挂于以长颈怪兽为座、饰有透雕龙身和错金花纹的磬架上。出土石磬 32 件，其磬体表面多有刻文和墨书文，内容包括编号、标音、乐律关系等。如上层第 2 件石磬的磬头刻注编号“十六”，侧面刻有“新钟之羽曾，浊兽钟之下角，浊穆钟之商，浊姑洗”，尾部接有“之宫”等文字，说明该磬是第 16 号编磬，它奏出的乐音是新钟调的羽曾音，浊兽钟调的下角音，是浊穆钟调的商音，浊姑洗调的宫音。用现代的音乐理论翻译它，就相当于：该磬的音高能作为♭G调的“4”(fa)，或 G 调的“3”(mi)，或 A 调的“2”(re)，或 B 调的“1”(do)。总之，磬表的文字记载了本编石磬的编

① 陈奇猷. 吕氏春秋校释[M]. 上海：学林出版社，1984.
② 湖北省博物馆. 曾侯乙墓[M]. 北京：文物出版社，1989.

号、律调以及每件磬的音高在不同宫调中的阶名。

从磬、磬架以及磬匣上的铭文综合分析，可知曾侯乙编磬全套应该有41件：挂于架上演奏的编磬是32件；为临时变换律调的需要而准备的编磬有9件，但未随同下葬到曾侯乙墓中。

根据石磬铭文、尺寸大小等有关线索复原的曾侯乙编磬，最低音约为小字二组的c，最高音接近于小字五组的c。在这整个音域范围中，仅缺少小字三组的♯a和小字四组的c、♯g、a、b等五个音，这五个音可能由五件未下葬的石磬所具有。若补入它们，就可以形成从小字二组到小字五组跨三个八度的完整十二半音音列。不过，从编磬出土时的悬挂方式和排列顺序来看，曾侯乙编磬并非按半音的级进关系编列，上下层编磬的律调也不尽相同。

“钟子期夜闻击磬者而悲，使人召而问之曰：‘子何击磬之悲也？’答曰：‘臣之父不幸而杀人，不得生……是故而悲也。’”① 钟子期闻磬声而知奏磬者之悲情，一方面表现出钟氏家族不愧为楚之乐尹的高超水平；另一方面，亦说明西周中原传统“以动声”的编磬，在荆楚歌乐舞艺术实践的运用中，其抒情性、旋律性功能得到了开拓。对照前述曾侯乙编磬较为完善的音列结构关系，可知音疏而质的传统编磬，在荆楚地区已兼具旋律演奏功能。

“八音”分类，取乐器制作材料的质地为标准，每类乐器都有传统的品种。然而，春秋战国之际的楚人擅长别出心裁。河南淅川下寺春秋楚墓出土有一件石排箫，与传统的排箫为竹类乐器不同。但是，在楚地也发现了符合传统的竹质排箫。上述石排箫的形制直接仿自竹排箫，就连竹排箫捆绑束带也模拟得惟妙惟肖，它无疑是竹排箫的翻新，是楚人的“特产”。我们介绍了楚人追求新异的艺术风格之后，还是把排箫放在竹类乐器一节中予以论述。

---

① 陈奇猷. 吕氏春秋校释[M]. 上海：学林出版社，1984.

第三节　土类乐器

《周礼·春官·大师》曰："大师……皆播之以八音：金、石、土、革、丝、木、匏、竹。"郑玄注云："金、钟也，石，磬也，土、埙也……"其中土质类乐器位居第三，以埙为代表。从《诗经》的记载也可知埙是当时的吹奏乐器之一。但是，在已知的文献史料和出土音乐文物中，迄今尚未发现两周之际荆楚先民曾使用陶埙的证据。

"黄钟毁弃，瓦釜雷鸣。"上引楚辞《卜居》中记载的土类乐器为瓦釜。在考古工作中，被视作生活用具的瓦釜多所发现，在楚都纪南城遗址和江陵一带的楚墓中，出土的陶缶大小递减、依次成组，有的多达20余件。[①] 它们能否作为乐器？能否"雷鸣"呢？据模拟实践，答案是肯定的，仿制的陶釜不仅击之有声，而且尺寸大小的变化还使成编陶釜能奏出一定的乐曲旋律。

看来，楚人对中原"八音"的继承，在类别、品种上也是有选择的。

第四节　革类乐器

如果说荆楚钟磬的发展反映了楚人对传统乐器的性能有所改造，土类乐器品种的变化表现了楚人在继承传统时有所扬弃，那么革类乐器的特点则体现了楚人在形式和功能等方面对传统文化的开拓发展。

首先，简单地谈谈革类乐器的功能变化。无论是中原传统还是荆楚歌乐舞艺术实践，其革类乐器都以鼓为主。但鼓类乐器在实践中的地位和意义，在中原和在楚地却颇有差异。当传统金石之声在楚地的文化氛围中，旋律性能日趋发展，并成为以抒情、娱乐为主要功能之一的旋律主奏乐器时，楚人结合土著艺术悠久的节奏乐器传统，

---

① 谭维四.楚国乐器初论[C]// 楚文化研究论集（二）.武汉：湖北人民出版社，1991.

挖掘了鼓类乐器“以动声”的潜力，使之不仅在荆楚金石之声中占据着重要的“节乐”地位，而且还独自作为“以动声”的基本乐器。或击鼓而歌舞，或与瑟、笙等非金石旋律乐器配合运用，进而造就出先秦荆楚歌乐舞艺术钟鼓齐鸣的特色性文化体系(详第九章：钟鼓楚乐)。

根据已知的出土资料，楚地的革类鼓乐器可分为悬鼓、建鼓、手鼓等类型，数量繁多，品种丰富，造型独特，功能重要。

虎座鸟架鼓在荆楚鼓类乐器中，尤为特异，它属于史书记载的悬鼓类乐器。《礼记·明堂位》云：“夏后氏之鼓足，殷楹鼓，周县鼓。”注云：“县，县之簨虡也。”悬鼓之属，于当时是中原、南土都十分普及的击奏乐器，但虎座鸟架鼓之类以卧虎立凤为簨虡的造型则极富荆楚特色。

目前已经发现的虎座鸟架鼓有 30 余件，它们集中出土于湖北的江陵(图 8-7)、河南的信阳(图 8-8)以及湖南的长沙等地。其中以江陵所出最多，在 20 件以上。湖北出土的虎座鸟架鼓虽然在细部造型、纹饰和整体风格上比河南出土的显得细腻、纤秀，但它们的基本风格仍统一于荆楚歌乐舞艺术体系之中。它们都以两只背向而卧、眈视前方、张口吐舌、翘尾昂首的猛虎为底座，虎背上各有一只彩绘凤鸟婷立。凤鸟翘首连尾，双目有神，嘴微开启，与虎同向。鸟冠上各系一绳，再与二鸟连尾之上的另一环钮构成三角支点，以悬鼓于其上。虎座大而底平，重心稳定。鸟架高而壮美，适于架鼓。演奏者跽坐击鼓，十分便利。闻其声如虎啸凤鸣，视其形似鸟飞兽奔，集壮、奇、美于一身，融声、色、形于一体，令观者神旺，使闻者情爽，将楚人的审美艺术观和荆楚歌乐舞艺术强大的生命力活现于今人面前。

1978 年，湖北随州擂鼓墩 1 号墓出土建鼓 1 件。[①] 其鼓口径 74 厘米，身长 106 厘米。以一红柱长竿穿透侧置的鼓腔，使它高立于青铜鼓座之上，红竿高约 3.65 米。鼓座由 16 条盘绕着的大型蟠龙和攀附大龙

① 湖北省博物馆. 曾侯乙墓[M]. 北京：文物出版社，1989.

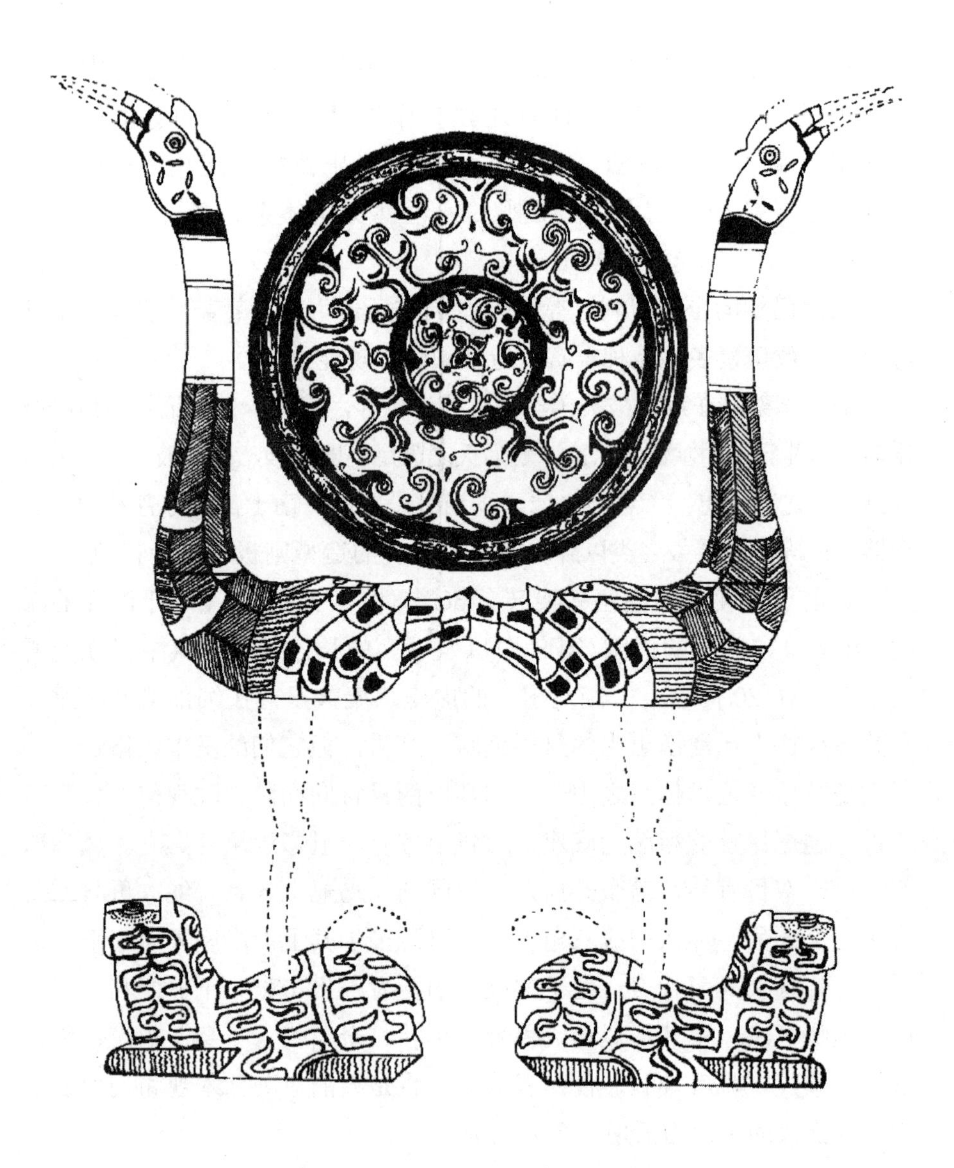

图 8-7 江陵地区出土虎座凤鸟悬鼓摹绘图

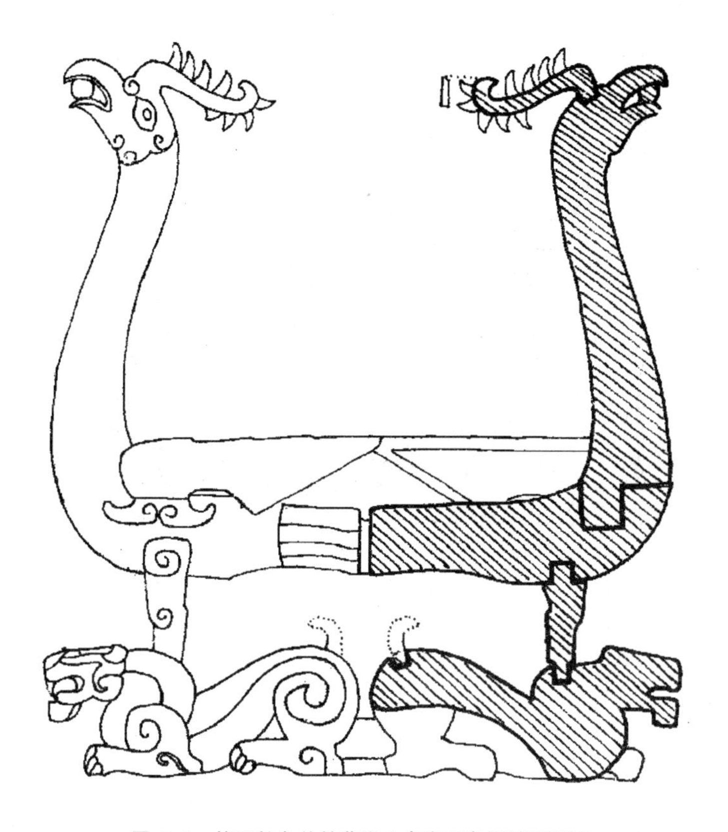

图 8-8 信阳长台关楚墓出土虎座凤鸟悬鼓摹绘图

身上的数十条小龙构成。“建鼓，大鼓也，少昊作焉，为众乐之节……近代相传，植而建之，谓之建鼓。”① 该鼓出土时，其位置紧靠编钟。同墓所出鸳鸯盒上的“击鼓起舞图”(图 8-9)说明楚地有建鼓流行，它以“众乐之节”的“指挥”性作用，在音乐艺术中处于重要的地位，而且还可由“鸟羽兽面人身”的乐人表演，与巫风结缘。

作为有地域性特征的鼓类乐器，在江陵一带楚墓中出土的还有一种木鹿鼓，其造型很有特点。由于该鼓都是木制的，所以放在第六节中予以介绍。

---

①《太平御览》引《通礼义纂》。

图 8-9 曾侯乙墓出土鸳鸯盒上的击鼓起舞摹绘图

除上述三种鼓外，楚地的皮鼓还包括鼗鼓、鼙鼓、手鼓等品种。同一品种的鼓类乐器，还有多种变通情况。如虎座鸟架鼓，除常见的木质鼓架外，鄂城楚墓中还出土了以陶质原料做成簨虡的同类鼓。再如手鼓，长沙浏城桥 1 号墓和江陵腾店 1 号墓出土的与惯常见到的两面蒙皮鼓不同，都是一面蒙皮，另一面却为木板。①

第五节 丝类乐器

楚辞和其他文献记载的丝类乐器有琴、瑟两种，楚人既善鼓瑟也精于鼓琴。

楚瑟迄今已出土 50 余件，时代以战国为主。当阳赵巷 4 号墓发现木瑟 2 件、漆瑟 1 件，②时代可早至春秋中期，是目前所见时代最早的丝弦乐器实物。

---

① 湖南省博物馆. 长沙浏城桥 1 号墓[J]. 考古学报，1972(1). 荆州地区博物馆. 湖北江陵腾店 1 号墓发掘简报[J]. 文物，1973(9).

② 宜昌地区博物馆. 湖北当阳赵巷 4 号春秋墓发掘报告[J]. 文物，1990(10).

楚瑟按所张弦数，可分为18弦、19弦、21弦、23弦、24弦和25弦数种，其中以25弦瑟最为常见；按纹饰差异，则可分为素面漆瑟和彩绘漆瑟两大类；据其制作方法，它们又能分为三类，第一类以整木掏雕瑟体，再另配底板，嵌插小部件；第二类瑟面以独木凿成、四周墙板另围、底板另装；第三类以多块木板拼合组装而成。

就瑟体尺寸、规格而言，楚瑟可分为大型瑟、次大型瑟、中型瑟和小型瑟四型。其中大型瑟长约165—200厘米，宽约40—47厘米。目前已知大型楚瑟的平均长为175.6厘米，宽为42.62厘米，长宽之比约为4:1，此型瑟最为常见，在湖北江陵天星观1号墓、随州擂鼓墩1号墓(图8-10)、当阳曹家岗5号墓、河南信阳长台关1号墓和2号墓等墓

图 8-10　随州擂鼓墩1号墓出土大型瑟摹绘图

葬中都有发现。次大型瑟(图8-11)长约125—150厘米，宽37—45厘米。已知此型瑟的长宽平均数分别为141.8厘米和41.94厘米，二者之比约为3.5：1。该型瑟在信阳长台关2号墓、随州擂鼓墩1号墓等楚地古墓中曾有出土。已知中型瑟之长的最大值为116厘米、最小值为86厘米，其宽的最大值为46厘米，最小值为36厘米，平均长和宽分别为102.6厘米和46厘米，长宽平均数之比为2.5：1。楚瑟中还有一种长宽之比约为2:1的小型瑟，已知其平均长仅69.2厘米，宽为34.4厘米。最小的1件出土于江陵拍马山2号墓，长为53厘米，宽为27厘米。①

① 湖北省博物馆.湖北江陵拍马山楚墓发掘简报[J].考古，1973(3).

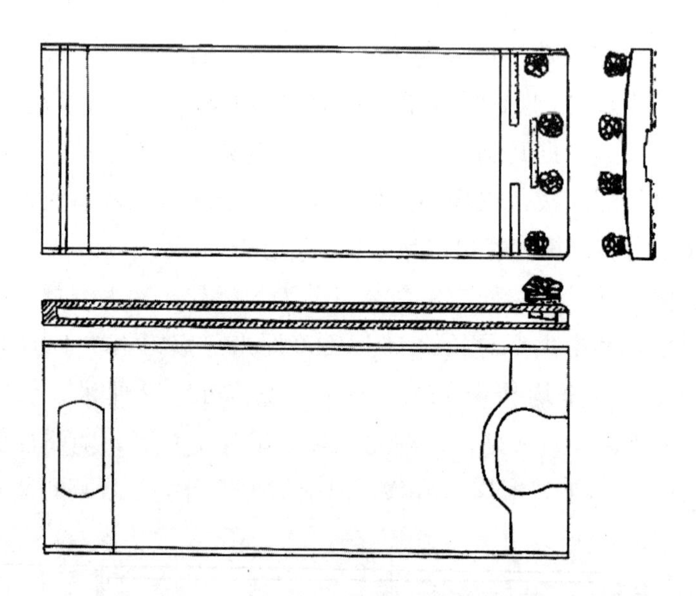

图 8-11 江陵雨台山楚墓出土次大型瑟摹绘图

春秋战国之时的楚瑟，从出土器物的共存关系来看，能参与金石之声的合奏，置于鼎簋彝器之列，其有文献所称以祭先祖、明帝德的功能(详见第九章)。需在此指出的是，楚瑟还具有地域性和时代性文化特征，它突出地表现在瑟与鼓、笙等非金石类乐器构成组合关系上。与鼓同出，其旋律功能及其完善性应不言而喻；瑟与鼓、笙同出，则为流行至今以娱乐抒情为主要功能的传统丝竹乐队的雏形。楚瑟丰富的旋律表现性能，应该是这类丝竹乐队组合的内在音乐基础。至少，它展现了传统丝竹乐队得以形成的艺术逻辑关系。

出土于楚地的先秦古琴虽然不多，但仍为目前中国音乐考古发现所仅有，而且文献记录十分丰富(详见第九章)。到目前为止，楚地墓葬中出土的琴仅 3 件，分为两种类型：一种为五弦琴，出土于随州擂鼓墩 1 号墓；另一种为十弦琴，擂鼓墩 1 号墓和湖南长沙·五·邮 3 号墓各有1件出土。[①]这两类楚琴都有鲜明的个性特点。对五弦琴，学术界尚

① 分见湖北省博物馆. 曾侯乙墓[M]. 北京：文物出版社，1989；长沙文物工作队. 长沙五里牌战国木椁墓[J]. 湖南考古辑刊(第 1 辑).

处于辨物阶段，目前有筑、均钟等说。对十弦琴，则已基本成为定论，但它与后世流传的琴有很大的差异(图8-12)，不仅共鸣腔呈半箱式，而且琴面上没有徽位，似乎反映出先秦楚地自有一个古琴系统。

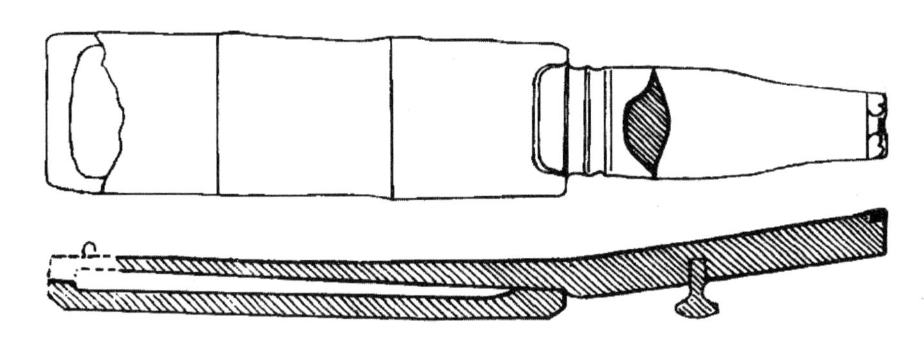

图 8-12 十弦琴摹绘图

第六节 木类乐器

“木，柷敔也。”① “合乐用柷，柷状如漆筒，中有椎，合之者投椎于其中而撞之，所以节乐。” “敔，状如伏虎，背有刻，鉏铻，以物栎之，所以止乐。”② 西周传统“八音”中的木类乐器，以柷敔为典范，主要用于乐曲演奏的开始和结束，起合节和止乐的作用。

“扬枹兮拊鼓”“成礼兮会鼓”，反映荆楚民间祭祀歌舞场面的《九歌》，亦有迎神、送神之别，节乐、止乐之分，但是，担任这一传统功能的乐器并非中原“八音”传统的柷和敔，而是本章第四节已述的鼓。

柷敔等传统的木类乐器在楚地尚无发现，但这并不意味着楚人不通木质材料的音响潜能。相反，楚人正是以其特有的艺术思维方式，巧妙

① 周礼注疏[M].上海：上海古籍出版社，1990.

② 尚书[M].北京：中华书局，1991.

地以木类与革类乐器共通的节奏乐作用为纽带，给今人留下了相对于传统来说是非木非革又亦木亦革的鹿鼓。

楚墓中出土的木鹿鼓(图 8-13)已有 10 余面，小巧玲珑，造型独特。它们都以卧鹿为座，鹿身后背的腰侧装插有一面木质小鼓。木鹿鼓通长不过 40 厘米，且鼓均为木质实心，体窄径小，因而人们多认为它是明器而非实用品。其实，木质实心不一定就不可击节合乐。席地而奏，与在墓葬中即存放一起的瑟或笙同堂表演，对于木鹿鼓而言，并非无稽之谈。

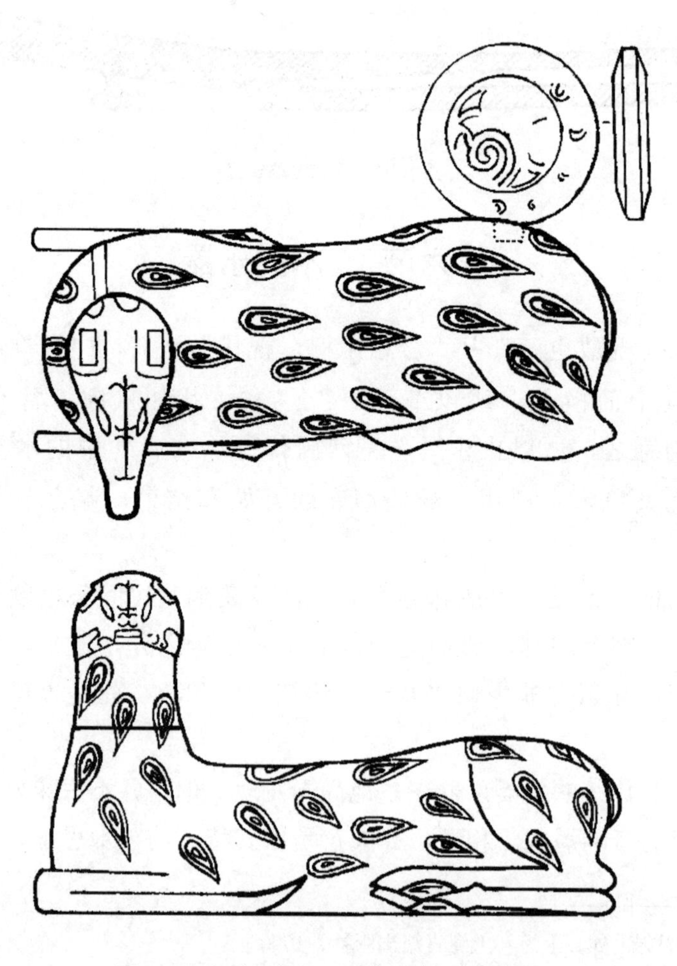

图 8-13　江陵雨台山363号墓出土木鹿鼓摹绘图

第七节　匏类乐器

“楚笙冠中国”[①]这是前人对楚笙的赞誉。无论文献记载的荆楚诸侯国民间祭祀和宫廷乐舞，还是楚系墓葬出土的金石之声、丝竹之乐，笙都是极为重要的参与者。

已知时代最早的匏类乐器实物，首推湖北当阳赵巷4号春秋楚墓出土的葫芦笙。[②]虽然它残破缺损，殊难复原，无法展现相应的音乐水准，但可表明笙在楚地源远流长。

迄今考古发现的楚笙有20多件。从目前已发表的资料分析，楚地匏类乐器的簧管都在19管以内，分10簧、12簧、14簧、18簧等形式。既有整匏以模范制笙斗和笙管的笙，也有以匏为斗、旋制圆木为吹管的笙，甚至出现了旋木为斗的近现代笙的雏形。

擂鼓墩1号墓发现了10片较为完整的笙簧。[③]这些已知时代最早的簧片系芦竹制成，它们形制相同，但大小有异。尤为令人目骇的是，出土簧片上还残存有用以调节音高的蜡状物——这正是后世沿用至今的所谓“点簧”工艺！它们的出现，说明先秦楚人已精确掌握了簧片与簧管有效气柱长度配合发音的原理。有此极佳的性能，楚笙冠中国实属必然。

“陈竽瑟兮浩倡”“鸣𫚉兮吹竽”“代秦郑卫，鸣竽张些。”综观楚辞记载的荆楚歌乐舞场面，另一种匏类乐器——竽的应用很普及。“竽也者，五声之长也。故竽先则钟瑟皆随，竽唱则诸乐皆和。”[④]在春秋战国之际，竽的地位已在钟磬之前。虽然对目前考古发现的匏类乐器中是否存在竽类乐器不敢作出定论，但在离楚国灭亡时间不太远的长沙马王堆汉墓中，的确出土了保存较好的26管竽，还发现了用以

① 董说. 七国考[M]. 北京：中华书局，1956.

② 宜昌地区博物馆. 湖北当阳赵巷4号春秋墓发掘简报[J]. 文物，1990(10).

③ 湖北省博物馆. 曾侯乙墓[M]. 北京：文物出版社，1989.

④ 韩非子校注组. 韩非子校注[M]. 南京：江苏人民出版社，1982.

定音、规范艺术实践的整套竽律管。可见荆楚故地的匏类乐器，无论本身的性能还是在整体歌乐舞艺术体系中的作用，都达到了恰如史书所记载的水准。

第八节 竹类乐器

列于“八音”之尾的竹类乐器，无论从文献还是从实物来说，其品种、质量乃至已知的数量，在先秦的荆楚乐器体系中均非末流，这也从一个侧面反映出荆楚歌乐舞文化对传统的扬弃与改造。

排箫即属竹类乐器。《九歌·湘君》云：“望夫君兮未来，吹参差兮谁思？”其中的“参差”即排箫。已知先秦楚排箫有 3 批共 7 件。其中颇值得介绍的，有随州擂鼓墩1号墓出土的竹排箫和本章第二节曾提及的淅川下寺石排箫。

擂鼓墩 1 号墓发现的排箫有 2 件，[①] 它们形制相同，但大小有异，都是由 13 根竹竿编制而成。通体以黑漆为底，绘有红色线条陶纹和三角形雷纹。13 根箫管并列呈单翼“参差”状，上沿平齐有吹奏口。13 根箫管按长短编序，最长、口径最大的在左边，然后依次递减至最短、口径最小的第 13 根箫管，它们被三道竹夹拦腰挟固。其中一件，在出土时未脱水的情况下，尚有 8 根箫管能奏出乐音，构成的音列至少是六声音阶结构。复原仿制的该排箫具有两个八度以上的音域。

淅川下寺春秋楚墓出土的排箫也是 13 管，作传统“参差”状，但制作材料为质地坚硬的汉白玉石。[②] 石排箫壁厚 0.1 厘米，管间隔壁厚度在 0.1 厘米以内，箫管最长的 15 厘米，最短的仅 3 厘米。尤为醒目的是，排箫上部外表浮雕出一道斜置的束状带，可见石排箫乃模仿竹排箫，且楚人在制作和使用此石排箫之前，对竹排箫的制作工艺和音乐性能的把握都达到了较高的水准。

---

① 湖北省博物馆. 曾侯乙墓[M]. 北京：文物出版社，1989.

② 河南省文物研究所. 淅川下寺春秋楚墓[M]. 北京：文物出版社，1991.

“緪瑟兮交鼓，箫钟兮瑶虡，鸣𪔸兮吹竽，思灵保兮贤姱。”上引《九歌·东君》涉及另一种竹类乐器——篪。据《诗经·小雅·何人斯》云：“伯氏吹埙，仲氏吹篪。”可见篪在西周即已运用于中原的歌乐舞实践之中。

今见于楚地的篪有二支，都从随州擂鼓墩1号墓出土。①篪体的一端以自然竹节封底，另一端以物填塞，而成为所谓的有底之笛。篪管上有处于同一平面的吹孔和出音孔各一个，有与吹孔、出音孔所在平面垂直的另一面挖出的指孔五个。据仿制研究，它们已具有六声音阶结构，如果采用叉口演奏指法，则能奏出十二个半音。②

先秦楚地的竹类乐器还应有一种“相”。《礼记·曲礼上》：“邻有丧，舂不相。里有殡，不巷歌。”《荀子·成相篇》卢文弨校曰：“相乃乐器，所谓舂牍。”其实物曾在湖北江陵楚墓中出土，其中藤店出土竹相残长90厘米，直径5.5厘米；望山1号墓出土的残长100厘米，直径6厘米。③其演奏方法和功能正如史书所载：“举以顿地……以节乐也。”

湖南长沙浏城桥1号楚墓出土了1件“木角形器”，它以其弯如牛角、体部内空、角外部近两端处有两个凸箍等特征，被疑作号角或其模型。④由此，先秦荆楚乐器就突破了中原传统的“八音”体系，而增加了角类乐器。

---

① 湖北省博物馆. 曾侯乙墓[M]. 北京：文物出版社，1989.

② 蒋朗蟾. 曾侯乙墓古乐器研究[J]. 黄钟，1988(4).

③ 荆州地区博物馆. 湖北江陵藤店1号墓发掘简报[J]. 文物，1973(9)；湖北省文化局文物工作队. 湖北江陵三座楚墓出土大批重要文物[J].文物，1966(5).

④ 湖南省博物馆. 长沙浏城桥1号墓[J].考古学报，1972(1).

第九章　钟鼓楚乐

举雅乐，恶郑声，金石之乐被奉作华夏正声，郑卫之音被视为淫滥之乐，这是两周时期中原传统音乐文化的主流。然而在江汉南土，经历了始而模仿，进而改作的发展过程，并以终而独创的面貌成熟于当时，影响于后世的荆楚歌乐舞艺术，却与吴歈、蔡讴同奏，与赵箫、郑舞并举。其风格正是钟鼓谐鸣，雅俗共生，八方土风兼收并蓄而自成一体。

第一节　荆楚乐县

“庚辰，吴入楚……坏宗庙、徙陈器、挞平王之墓。”《谷梁传》记载了公元前506年吴军攻入楚都，“易无楚也”的史实，其中的标志之一，就是“徙陈器”，“陈器，乐县也。礼诸侯轩县”。郑嗣之注还说：“言吴人坏楚宗庙，徙其乐器。”

两周之际，尤其是两周时期的中原，金石乐器的数量与编悬有着严格的等级规定。《周礼·春官·小胥》载：“正乐县之位，王宫县，诸侯轩县，卿大夫判县，士特县。”陈旸在他的《乐书》中解释说：“宫县四面象宫室……轩县阙其南……判县东、西之象……特县则一肆而已。”虽然文献中关于一肆的问题，有2件、16件、32件等多种说法，所阙者也未必千篇一律毫无变通，但对乐悬的存在及其随主人身份等级差异而变化的问题，说法是一致的。从《谷梁传》的记载来看，楚国也基本遵循这一传统。

对于楚人来说，遵守北方乐悬传统是应该的。但是，从不因循守旧的楚人自有其扬弃和创新的灵机。楚地已知的出土乐器组合特点，就是上述理论分析的最佳实证诠释。

荆楚乐器主要可分作以钟磬为中心的金石类乐器组合和以鼓、瑟、笙为基本结构的非金石类乐器组合。随州擂鼓墩1号墓所展示的乐悬特征，可同时成为这两类乐器组合、编配的典型例证。（详见后文）

根据先秦贵族以钟鼎明贵贱的特点，楚钟组合变化所产生相应变化对乐器主要功能之再分工的影响，以及青铜编钟的变化，可将已知的荆楚乐器金石类组合分为四种类型，其中：金类乐器为甬钟的是第一型，金类乐器为钮钟的是第二型，金类乐器包括钮钟或甬钟和镈的是第三型，第四型的金类乐器则同时包括钮钟、甬钟和镈这三个品种。其具体的组合特点，显示在如下六个方面：

(1)甬钟与编磬构成的金石组合，是楚地较早的一种乐悬形态。

(2)钮钟与石磬的编配使用，至迟在春秋晚期即已出现于荆楚歌乐舞艺术实践中。

(3)钮钟或甬钟能与镈相配编悬。

(4)钮钟、甬钟、镈可同时构成乐队的金类成分。

(5)目前所知的金石类乐器组合，还可分为金类乐器单独出现、钟磬乐器与其他非金石类乐器同时出现等多种形式的乐悬变化。

(6)规模增大，编悬体内的乐器品种增多，是荆楚金石类乐器组合的发展趋势。

从已发表的资料来看，具备金石类乐器组合编悬的都是有棺有椁的大型墓葬，其椁有多室，其棺有多重，并有大批青铜礼器随葬，墓主是身份较高的贵族。例如江陵天星观1号墓为一座带墓道、有封土的长方形土坑竖穴木椁墓，葬具一椁三棺，椁室分为五大室二小室，东室之中的金石乐悬包括钟、磬、鼓、瑟、笙等乐器品种。①

迄今所知的荆楚乐器文物资料表明，占其中三分之二的金石类乐器，组合基本上保持着中原文化的礼乐特征，是荆楚故地诸侯贵族的主要宝器。虽然它们的音乐性能被拓宽，享乐性艺术功能大大加强，但仍

---

① 湖北省荆州地区博物馆. 江陵天星观1号墓[J]. 考古学报，1982(1).

保持着中原传统的礼制色彩，是与鼎簋等礼器为伍的彝器。

非金石类乐器组合分为四类，它们的组合方式则可概括为三种：第一种是鼓类节奏乐器独自出现，击节而歌，奏鼓起舞，盛行于楚地，而且担任这一功能的多为颇具特色的虎座鸟架鼓。第二种是仅由旋律乐器如瑟、笙等构成乐队的组合方式，它反映出先秦楚地的丝类、匏类乐器已有较佳的音乐性能，以乐抒情娱人的乐曲独奏和丝竹乐小合奏已成为楚人的音乐艺术追求。略晚于楚国的湖南马王堆汉墓曾出土乐俑 5 件，其中 3 件为席地而坐的鼓瑟俑，另外 2 件为吹竽俑，这种场面应该是此种非金石类乐器组合遗存的写照。第三种组合方式是前两种组合的综合与发展，以鼓为节奏乐器，用瑟、笙等丝匏类乐器奏出乐曲的旋律，大大加强了乐器的音乐艺术表现力，促进了歌、乐、舞三者的分离与发展。

非金石类乐器组合主要发现于中小型楚系墓葬。江陵雨台山楚墓群发掘墓葬 550 多座，[①] 出土乐器的 29 座墓中，除 1 座出土的是金类军乐器——铜钲之外，其余都是非金石类乐器组合。这些墓中葬具为一棺一椁的有 26 座，不明葬具的有1座。该墓地仅见的两座一棺重椁并带墓道的较大型墓也都出有乐器，一座仅见虎座鸟架鼓，另一座的组合方式为1件虎座鸟架鼓、2 件瑟，也是非金石类乐器组合。

礼不下庶人，但《下里》《巴人》能和于郢中，蛮夷巫风能渐入楚宫。如果说荆楚金石类乐器组合是中原西周乐悬传统的扬弃性发展而多见于大型墓葬之中的话，那么非金石类乐器组合则是挣脱僵化的传统礼制束缚而注重艺术实践效果的产物，反映出以娱乐为主的新型音乐功能已成为荆楚歌乐舞的主要社会效果之一。因为这种非金石类乐器组合不仅多见于中下层人的墓葬，而且已渗透到出土金石类乐器组合的大型墓葬——如随州曾侯乙墓之中，它不仅与九鼎八簋和大型金石乐悬同葬一墓，而且与墓主更亲密地同处一室。

---

① 湖北省荆州地区博物馆. 江陵雨台山楚墓[M]. 北京：文物出版社，1984.

随州擂鼓墩1号墓是一座楚系曾墓，① 墓主为战国早期的曾侯乙。该墓为大型多边形不规则岩坑竖穴墓，朝向为正南方。棺室由东、北、中、西四间组成，共出土钟(镈)、磬、鼓、瑟、笙、琴、箫、篪等乐器八种125件，及演奏器具12件、附(构)件1714件。墓主重棺葬于东室，伴随乐器是鼓、瑟、琴、笙等构成的小型非金石类寝宫乐队。中室存放着九鼎八簋等大型青铜礼器，以及一套完整、规范的传统“诸侯轩悬”类乐器。其中全套编钟分三层立架在中室的西壁和南壁，两根钟棒斜倚在钟架上；编磬陈放于北壁磬架上；建鼓竖于编钟东端。它们组成了一个面向墓主所在之东室的轩悬三面式结构(图9-1)，瑟、笙、箫、鼓等非金石类乐器陈列其中。

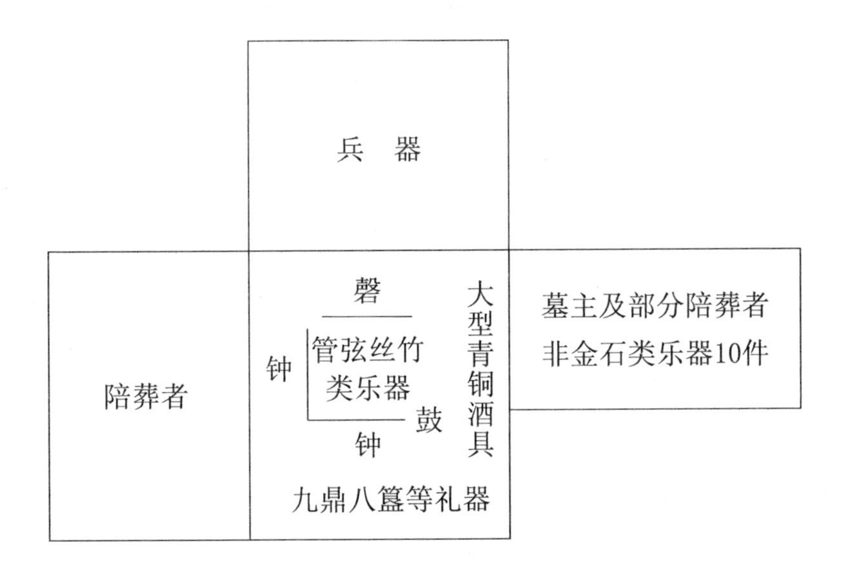

图9-1 曾侯乙墓乐悬示意图

金石之声奏于殿堂，丝竹之乐响于寝宫，传统礼仪性仍在，但更刻意追求享乐性的艺术效果。

---

① 湖北省博物馆.曾侯乙墓[M].北京：文物出版社，1989.

楚地乐器组合所属时代及其反映的乐悬发展历程，明显地分为三个时期，包括启、承、转、合四个阶段。三个时期即春秋早中期以金石类为主的时期、春秋战国之交二种组合并行发展的时期、战国中晚期以非金石类组合为常的时期。其中第一个时期包括始而仿作、继而改作两个阶段，它是荆楚歌乐舞艺术对中原华夏正声之继承性发展的直接表现。两种组合并驾齐驱则反映出一种全新审美观点和社会需求下的音乐艺术要求的产生，南北文化混融一体，荆楚歌乐舞艺术进入了一个鼎盛阶段。当非金石类组合上升为主要的乐器构成形式时，“礼非乐不行，乐非礼不举”的传统礼制缰绳几乎荡然无存，具有普遍意义的是以娱乐为主，或者说以荆楚南方特有的娱神、娱人之浪漫主义艺术特征为主的歌乐舞文化形式，它无疑为西周僵化的礼乐制度注入了艺术的活力，奠定了延绵至今的荆楚歌乐舞文化基础。

第二节　金声玉振

始则模仿，进而改作，终于独创，以致钟磬之声融进了南国的蛮夷巫风，典章之乐注入了娱人爽目的表演性艺术效果。

> 肴羞未通，女乐罗些。
> 陈钟按鼓，造新歌些。
> 《涉江》《采菱》，发《扬荷》些。
> ……
> 二八齐容，起郑舞些。
> ……
> 竽瑟狂会，搷鸣鼓些。
> 宫廷震惊，发《激楚》些。
> 吴歈蔡讴，奏大吕些。
> ……

《激楚》之结，独秀先些。

……

铿钟摇虡，揳梓瑟些。

……

楚辞《招魂》记载了先秦荆楚乐舞实践的宏大场面，钟、鼓、竽、瑟齐鸣协奏，郑舞、《激楚》五彩缤纷，吴歈、蔡讴别具一格，这无疑是一台使“宫廷震惊”的大型歌乐舞“晚会”。其活力，乃源于吴、蔡、郑、楚不同地区的歌乐舞文化传统；其成就，则反映在能造出“独秀先些”的“《激楚》之结”和《涉江》《采菱》《扬荷》等新歌新曲之上。

代、秦、郑、卫，鸣竽张只。

伏戏《驾辩》，楚《劳商》只。

讴和《扬阿》，赵箫倡只。

……

二八接武，投诗赋只。

叩钟调磬，娱人乱只。

四上竞气，极声变只。

……

上引《大招》也描绘了金振玉鸣，和而歌舞，代、秦、郑、卫、赵诸兵纷呈的大型宫廷歌乐舞画面。

《招魂》也罢，《大招》也罢，都以荆楚巫祀传统为文化背景。“魂兮归来”的呼唤声与“叩钟调磬”的金石乐交响，“魂兮归来”的叫喊声与新歌《激楚》谐鸣。

“《九歌》者，屈原之所作也。昔楚南郢之邑，沅、湘之间，其俗信鬼而好祀，其祀必使巫觋作乐，歌舞以娱神……原既放逐，见而感之，故颇为更定其词……”①《九歌·东君》描绘歌乐舞场面如下：

> 緪瑟兮交鼓，箫钟兮瑶虡，
> 鸣篪兮吹竽，思灵保兮贤姱。
> 翾飞兮翠曾，展诗兮会舞，
> 应律兮合节，灵之来兮蔽日。
> ……

本书第四章和第七章，已谈到《九歌》本身就是巫歌祀舞。从上文中可以发现，钟磬之音、瑟鼓之声、篪竽之乐同时存在，金石八音与沅湘巫俗紧融一体。

“晋郤至如楚聘，且莅盟。楚子享之，子反相，为地室而县焉。郤至将登，金奏作于下，惊而走出。”上引《左传》记载了公元前579年楚王以钟磬迎晋使郤至，使之“惊而走出”的趣史。县，悬也，“八音”之乐悬也；金奏，击钟而奏乐。迎宾之礼虽世代相传，地室金奏却唯楚行之。标新立异，充满奇想，楚人就是这样立足传统又扬弃过去。

公元前278年，郢都沦陷，楚国统治集团仓皇东去，荆楚故地的金振玉鸣之声日趋衰微，但是以青铜编钟为典范的荆楚歌乐舞艺术已形成了特有的音乐艺术体系和混融文化传统，并在后世以“荆楚西曲”“竹枝踏歌”等各具时代特征艺术形式中怒放异彩。至于当今荆楚金振玉鸣艺术传统扬弃性发展的典范，则首推湖北省歌舞团创作表演的《编钟乐舞》和武汉音乐学院研制的“曾楚百钟”及其艺术实践。

1983年8月成功首演的《编钟乐舞》，以屈原的爱国主义思想为核心，用歌、乐、舞相结合的艺术形式，将曾侯乙墓出土的编钟、编磬及鼓、瑟、琴、笙等数十件古乐器仿制品，同台演奏。金、石、丝、竹、

---

① 朱熹. 楚辞集注[M]. 上海：上海古籍出版社，1979.

匏、土、革、木，“八音”合鸣，呈现古代荆楚文化艺术、风俗民情、祭礼安享、农事征战等情景。全剧共10场，由钟磬古乐（荆楚雄风）、祭礼乐舞（迎神）、乐歌（橘颂）、武舞（出征）、祭歌（国殇）、巴人舞（山猎）、八音和鸣（鸣虡、排箫、吹埙、编磬古乐合奏）、农事组舞（采桑、耕耘）、房中乐（关雎、越人歌、慷慨歌）、大飨礼（楚宫宴乐）组成。既保持了古朴粗犷的荆楚风貌，又具有浪漫主义的艺术特色。

“曾楚百钟”以楚人尚钟的文化心态和曾侯乙编钟数次组合成编的发展史实为背景，以随州擂鼓墩1号墓与2号墓所见编钟之和为一百件的事实为契机，其研究、制作与运用充分体现出荆楚先民幻想而不脱离理性(科学)、理智却又敢于开拓的民族传统精神。它的基本形态和音乐特性均脱胎于荆楚古钟，但它的音乐性能却得到了具有当今特点的开拓发展——一百件双音钟包含两百个乐音，其中一部分乐音保留着先秦荆楚乐律学体系的传统，另一部分借鉴的却是十二平均律。先秦荆楚歌乐舞艺术的混融性，使仿制于传统的曾楚百钟宜于南北方乐曲的演奏；古今荆楚歌乐舞文化的承袭性，使它具有表演古今乐曲的功能；近现代音乐理论的借鉴，又使它能与西洋管弦乐器谐鸣，演奏贝多芬等外国作曲家创作的古今名曲。

古今中外兼而能之，荆楚歌乐舞艺术的混融性文化传统又一次放出异彩。

第三节　鼓乐琴声

据《九歌》记载，沅湘地区民间祀神所用的乐器以鼓为主。楚墓出土的鼓类乐器甚多，既见于金石类乐器组合之中，又见于非金石类轻型乐器组合之中，可知先秦楚地的鼓类乐器已由民间巫祀场合渐入于宫廷和贵族的文化生活之中，其地位大为提高，作用日渐增大。

在今天的中国传统民族乐队中，鼓仍处指挥作用的灵魂地位。这种以鼓为中心的艺术实践体系，在两周金石之声的传统音乐文化中，无疑是一种引人注目的新特征和新趋势。钟与鼓齐鸣是先秦南方荆楚歌乐舞艺术的典型风貌，鼓类乐器作用的增强与地位的提高，是两周之际楚地音乐艺术实践的基本特点。

节奏乐器运用于祭祀活动的传统，在荆楚地区有悠久的历史。本书第一章介绍的崇阳铜鼓和南方大铙，都表明了这种传统的文化渊源。以鼓为中心的非金石类乐器组合，在春秋之前或在其他地区并非一无所见，但在春秋战国之际的楚地，以其合理的构成，规范的形式，以及颇有地域民族特点的形制，被社会各阶层人士广泛接受。因其源于劳动生产，来自民间生活，而有极强的艺术活动。

“四五月耘草，数家共趋一家，多至三四十人，一家耘毕复趋一家。一人击鼓以作气力，一人鸣钲以节劳逸，随耘随歌。”上引《来凤县志》记载了这一地区击鼓歌耘的传统生产风俗。“薅草锣鼓”中有鼓，“车水锣鼓”中有鼓，“栽秧锣鼓”中有鼓，划龙舟击鼓，“盘五金魁”用鼓，跳丧时更少不得鼓。在今天的荆楚民间传统活动中，鼓的地位和作用仍很突出，许多场合，许多乐种，常以一面鼓为演奏乐器。即使乐队由多件乐器组成，鼓也必居主要位置，起着重要的情绪变化、节奏控制等作用。生产劳动中“一鼓催三工”，艺术活动中鼓是歌舞的灵魂。这种现象的存在，与其说是先秦荆楚歌乐舞艺术形式的遗存，不如说是先秦鼓类乐器及其组合的内在艺术基础的“活化石”。

假如一定要将混融一体的钟鼓楚乐予以分解，那就可以说，“钟”只能大致代表中原传统的贵族音乐文化，“鼓”则能大致作为南国土著巫祀歌乐舞活动的代表，而这两者之间，还有一个沟通“钟”“鼓”的“琴”乐阶层。

《古琴疏》载：“宋华元献楚王以绕梁之琴，鼓之其声嫋，绕于梁间，循环不已。楚王乐之，七日不听朝。”《吴越春秋·阖闾列传》记载，乐师扈子以琴明理于昭王，一首《穷劫》之曲，“以伤君之迫厄之畅达”。本书前章引用钟仪琴操南风的史实说明，楚人的琴声在晋国也为人熟知。

《吕氏春秋・本味篇》载："伯牙鼓琴，钟子期听之，方鼓琴而志在太山，钟子期曰：'善哉乎鼓琴！巍巍乎若太山。'少选之间，而志在流水，钟子期又曰：'善哉乎鼓琴！汤汤乎若流水。'钟子期死，伯牙破琴绝弦，终身不复鼓琴，以为世无足复为鼓琴者。"由此可知，当时似已有古琴独奏的表演形式，而且不必借助语言、文字的帮助，即可直接用音乐形象来描绘高山流水的意境，表达演奏者志之所在。这种借景抒情的创作、演奏方法，表明楚琴的音乐性能已趋完善，并拓展了音乐创作的道路，加强了音乐艺术的表现力。

抚琴明志，弦丝寄情。除演奏技巧、创作方法之外，熟知地方音乐风格和艺术语言，也是琴乐艺术表现力得以发展的重要基础。钟仪之所以能被礼送回楚，原因之一正是他以琴奏出了南土乡音，这在客观上沟通了楚国民间音乐与"钟"类贵族艺术的交融。钟氏世为乐官，对抒情的琴曲南音如此精通，则金石之器所奏乐曲定亦楚风浓郁。

秦汉琴曲题材涉及楚地楚事的，有《伯牙吊子期》《离骚》《高山流水》《楚歌》等。据《新唐书・艺文志》载，《离骚》一曲为晚唐陈康士所作，初为九拍，"依《离骚》以次声"①，很可能是在吟唱原诗的音调基础上，逐渐发展而成的独奏曲。现存《离骚》琴谱，其各段标题仍采自原诗之词句。《琴学初津》在采录该曲后云："审其用意，隐显莫测。视其起意，则悲愁交作，层层曲折，名状难言。继则豪放自若，有不为天地所累之概。"

① 王尧臣. 崇文总目[M]. 北京：商务印务书馆，1978.

第十章　荆楚乐律

三声歌调，“引商刻羽”，以管定音，颠曾体系。荆楚歌乐不但有丰富的表现形式，而且有规范的实践准则，以及在此基础上的系统理论升华。正由于这种从实践到理论的发展，荆楚歌乐才资以作为“南音”的代称，并在数千年的中华音乐文化体系中独占一席，魅力永驻。

第一节　三声歌调

古代楚人，用什么样的歌调行腔为歌？

本节拟用一些事实来予以探讨。这里说的“歌调”，是指唱歌的基本腔调。“行腔为歌”或“行腔作歌”，是指即兴唱歌，用一种歌调去套唱歌词，“依字行腔”地歌唱，并使歌曲曲调适应于唱词的内容以及词字的声调。我们认为楚人很可能是用三声作为基调行腔为歌的方法即兴填词歌唱的。如果说古代的“依声法”是古人作词时依据词调声律填入字句，使之符合词格声律的话，那么这种“三声歌调”法就是“以腔从词”，使三声腔的曲调符合歌词字调和腔格，前者是“依声填词法”，后者是“以腔从词的创腔法”，两者都很古老，是我国的传统方法。

所谓“三声腔”，就是在一首民歌中的乐音只有高低不同的三个音所组合而成的曲调，也称为“三音歌”。如下面的《月歌子》(曲 65)，全曲仅由“徵羽宫”(sol la do)三个音所组合而成。

今荆楚地区的民歌，像这样仅用三个不同的音来组成曲调的，按其音程的关系可分为八种。这八种按首调唱名汇列如下：sol la do、la do re、do re mi、la do mi、do mi sol、sol la re、sol do re、la do mi。为了便于说明，可以把这八种三音组的音程特征命为大、小、宽、窄、近、减六类，兹列表比较如下：

表 10-1 荆楚地区八种三声腔①

名称	音名	今唱名	同类三声腔例	音程关系
大韵	宫角徵	do mi sol	sol si re	大三度+小三度
小韵	羽宫角	la do mi	re fa la	小三度+大三度
宽韵（四二）	徵宫商	sol do re	la re mi	纯四度+大二度
宽韵（二四）	徵羽商	sol la re	do re sol	大二度+纯四度
窄韵（三二）	羽宫商	la do re	mi sol la	小三度+大二度
窄韵（二三）	徵羽宫	sol la do	re mi sol	大二度+小三度
近韵	宫商角	do re mi	sol la si	小二度+大二度
减韵	羽宫角	la do ♭mi	do ♭mi ♭sol	小三度+小三度

以上这八种三声腔(或叫三声音阶)，是按荆楚地区民歌一般的行腔与终止音而制定的三声原位。在实际曲调中，它们也有各种转位行腔的。

曲例 65《月歌子》是用“sol la do”三音所组成，其调式是“三声窄徵调式”，或称“窄徵三声音阶”。如果用“sol la re”三声构成曲调，即是“三声宽徵调式”或称“宽徵三声音阶”。其余可类推。

窄徵调式，是三声、四声、五声音阶所构成的曲调，是荆楚地区数量最多、分布最广的调式音阶。其次是“la do re”“do re mi”。可是像下面曲 66《你做儿子我做娘》这样的“减三声音阶”所构成的民歌曲调在荆楚地区西部，分布数量并不稀少。这种减三声，在其他省与其他族的民歌中是少见的，是本区特有的音阶。

荆楚地区除三声音阶外，还有四声、五声音阶。

① 他省他族也有类似三音歌的，但没有这么齐全，在行腔的曲调中三声位置与行腔的三声旋法也有所不同。

曲 65

月歌子

(万忠桃 唱 邓世睦 记)

曲 66

你做儿子我做娘

(向先珍 唱 许心珍 记)

三声腔在四、五声音阶的曲调中,就成为骨干音。

三声歌调在曲调中的组合,有如下的五种基本方式。

(1)单一的三声歌调:仅用一个三声腔构成曲调。

(2)主次的三声歌调:两个或几个三声腔构成曲调,其中有主有次。

(3)交替的三声歌调:两个以上三声腔构成曲调,先后交替出现(如 sol la do re mi)。

(4)混合的三声歌调:两三个(种)三声腔混合构成曲调(如 la do mi sol)。

(5)复合的三声歌调:即采用上述四种中的几种行腔构成的曲调。

荆楚地区的三声歌调,由于上述的组合方式不同而产生音韵上的清与浊。三声腔的种类越单一,组合方式越单一,曲调的音韵越清新;反之,三声腔种类越多,组合方式越混杂、复合,曲调越浊浓。荆楚地区的三声歌调,是以清韵为主。

可以用如下四个方面的事实,来论证古今楚人的歌调是用三声歌调来行腔创腔的。

(1)春秋战国时的乐器，虽然早已应用七声音阶并向十二律发展，然而不论宫廷或民间的歌曲，特别是民间的歌曲，仍然是五声歌调的曲调。《管子·地员篇》较早计算乐律，也仅计算五个音，排列方式即是“徵羽宫商角”的徵声音阶，笔者统计过全国各地的民歌音阶，按其分布的面和量分主次，大多数的省、市、自治区的各族民歌，多以徵音阶为主，其次是羽、宫、商、角。荆楚地区的徵音阶更突出，其次是羽、宫、商音阶，角音阶的更少。《管子·地员篇》这种徵羽宫商角的排列，很可能是根据当时普遍的南方徵音阶而定的。

(2)商代以后的编钟，多以大小三个为一组的组合。淅川下寺楚墓出土的9件编钟，其9个正鼓音，包含了3个三音组，这可能是三声腔的痕迹。

(3)曾侯乙墓编钟64件，每钟正鼓音之间的音程，是大二度(21个)、纯四度(4个)、小三度(8个)、小二度(2个)；侧鼓音之间的音程有大二度(22个)、纯四度(10个)、小三度(2个)、小二度(2个)。这些基础音程，很接近民歌各种三声腔的音程。

(4)中国南方一些少数民族的吹管乐器，如葫芦、筚管、勒尤等等，从二管二音到多管多音。有如下常见的音列：[sol la do]、[sol la do re]、[sol la do re mi]、[la do]、[la do re]、[la do re mi]、[la do re mi sol]、[do re mi]、[do re mi sol]、[do re mi sol la]……这些音列(从二音到五音)，也是荆楚民族的主要音阶。从二音的音程来考察，荆楚地区的二音歌(数量很少)，以音程是大二度、小三度与纯四度的居多，大三度的少见。这三种二音音程，与南方一些民族乐器的音列也是一致的。

当今我国56个民族的民歌，流行五声音阶的有50个民族(汉族也在内)。其中出现单一三音歌的，至少有26个民族。南方的民族共有35个(包括汉族)，他们的民歌都是五声音阶，出现有三音歌的，至少有20个民族。五声音阶的行腔中，有三声歌调痕迹的更是普遍，他们民歌色彩的差别，是由于各民族、各地区所采用的三声腔的种类、三声组合以及行腔旋法的不同。

楚人的音阶调式，以徵为主，即是以窄徵三声歌调行腔为主。除了上述的以外，还可以从如下几个方面再得到证实。

荆楚各地的窄徵三声歌调的音阶调式，数量上全国最多；分布地区和分布于歌种的覆盖面很广；出土于荆楚故地的古乐器较多以徵音阶排列；徵三声歌调影响其他调式；古代遗留的古老乐种，如“丧鼓歌”“薅秧鼓歌”“傩歌”等的音阶调式以徵为主。

荆楚地区的民歌曲调，不论是三声、四声还是五声音阶，窄徵三声腔都占主要地位。

本书所选登的民歌曲例，在曲调进行中可以很清楚地识别出其三声歌调的行腔规律。

第二节　引商刻羽

“客有歌于郢中者，其始曰《下里》《巴人》，国中属而和者数千人。其为《阳阿》《薤露》，国中属而和者数百人。其为《阳春》《白雪》，国中属而和者不过数十人。引商刻羽，杂以流徵，国中属而和者不过数人而已。是其曲弥高，其和弥寡。”上引《文选·宋玉对楚王问》不仅记载了楚歌和声的演唱方法，而且记录了“引商刻羽”的转调创腔理论。

三声歌调是古今楚人传统音乐思维，它是楚歌和声的群众基础，但它不排斥、并且确实能够创作出曲高和寡的艺术性乐曲。

“引”，即引进；“刻”与尅、克相通，于此释作“削减”，“减少”；“杂”，即掺杂；“流徵”，即分布面广的徵或为流动的徵。“引商刻羽，杂以流徵”，从字面上可以理解为引进商音，尅去羽音，然后掺杂分布面较广的徵音。联系荆楚三声歌调实践，这句话实际上指的就是三声腔转调行腔的歌唱方法。

“引商刻羽”即为今天荆楚民歌中常用的宫音向上方纯五度转调的

方法。湖北“郢中田歌”与楚俗“丧鼓”的歌师傅，在运用当地传统三声腔转调演唱时，就是用的“引商刻羽”方法。其音阶如下：

A 羽（即 C 宫的羽，为了简便，直称 A 羽，以下同）

A 商（即 G 宫的商，为了简便，直称 A 商，以下同）

曲 67《叫歌子》即为“引商刻羽”的实例。①

曲 67

叫歌子

（田歌 · 薅草锣鼓）

① 杨匡民. 中国民间歌曲集成 · 湖北卷［M］. 北京：人民音乐出版社，1988.

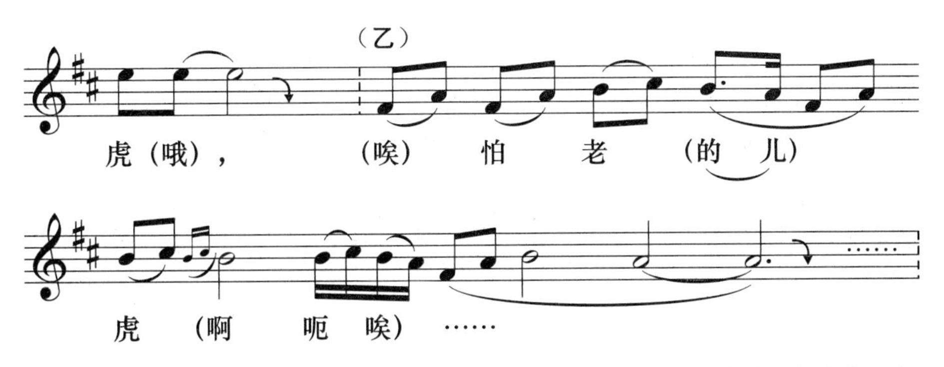

（熊明俊 沈克新唱 杨匡民 胡 曼 周晓春 方妙英 记）

如果将宋玉的“引商刻羽”倒过来，变成“引羽刻商”，那就是荆楚民歌中常见的宫音向上方纯四度的转调方法，其音阶如下：

曲 68《倒转年》是“引羽刻商”的民歌实例。

曲 68

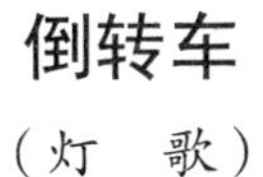

（灯　歌）

什（嘞） 么 人（啰） 手 拉
手 同 下 山 来（呀 哎 咳
呀） 腊 月 里 （也）
灯 笼 花 明 灯 高
照（哎 咿 火 呀 火 咳）， 黄 氏
女（唷） 在 堂 前
（呀 得 咿 得 儿 唷） 会 看
经 文（哟 哎 咳 呀）。

（叶祥明 唱 王志清 记）

关于宋玉对楚王问一事，《新序》和《襄阳耆旧传》也有记载，但不同的是，《文选》中的“引商刻羽”在《新序》中记为“引商刻角”。在《襄阳耆旧传》中变成了“含商吐角”。

其实，了解了“引商刻羽”的三声腔转调理论后，这些不同的说法就迎刃可解了。它们只不过是阐明曲高和寡的哲理时，从荆楚音乐转调理论中选择了另一术语作例证。

“引商刻角”在今天的荆楚民歌演唱中，就是宫音向上方大二度的转移，即转二级关系调。其音阶如下，谱例详曲 69《悠号》①：

曲 69

悠　　号

（号子·船工号子）

鄂西北·老河口市

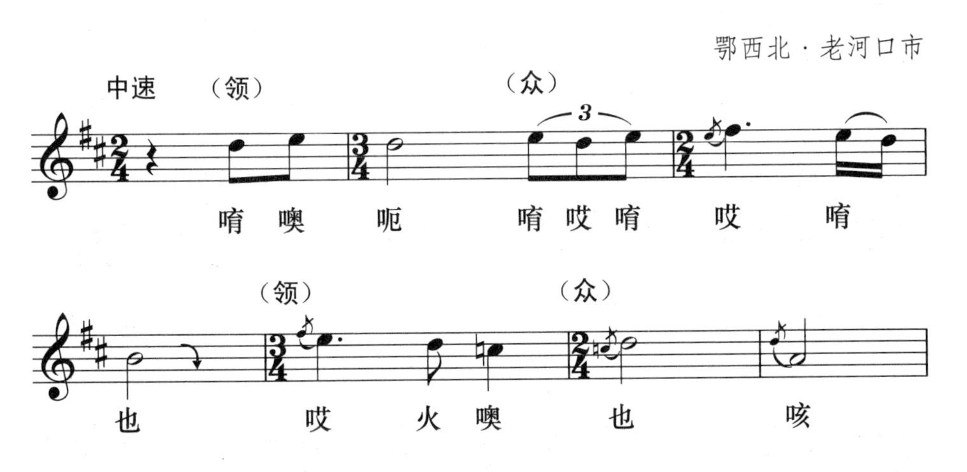

① 杨匡民. 中国民间歌曲集成·湖北卷［M］. 北京：人民音乐出版社，1988.

（领）
唷 唷 唷 唷 唷 呜 呃 唷 火
（众）
唷 唷 唷 唷 唷 呜 呃 唷 火
（领） （众）
吆 也 吆 呃 哎 吆 火 火 噢 也 咳 哎
（领） （众）
也 也 咳 啥 来 喂 呃 也 哎 呃
（领）
啥 来 喂 呃 也 咳 咳 哎 喂 呃 哎
（众） （领）
也 火 呜 哎 也 火 哎 喂 喂
（众）
哎 呀 噢 火 也 哎 呃 唷 哦 噢

（庞顺山领唱 余家冰 陈贤发记）

假如将“引商刻角”倒过来，变成“引角刻商”，那么，二级关系转调中的宫音就向下方大二度转移了，这种宫音向上或向下作大二度转移，在荆楚民歌中十分常见。其音阶如下：

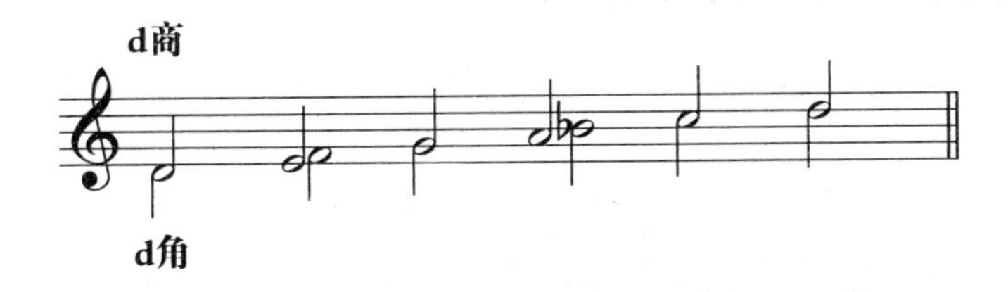

此外，《宋史·乐志·序》有“移宫换羽”的记载，同样是变换乐调的方法。这说明除了战国时宋玉提到的“引商刻羽”和汉代刘向引作“引商刻角”之外，宋代的学者还知晓“移宫换羽”——即移动宫音以换羽者这种类似“引商刻羽”的传统转调方法。用“移宫”总比“刻宫”要好，可以不犯“夺伦”之嫌。这种“移宫换羽”的同主音宫转羽的转调方法，也常见于荆楚民歌之中，《推船调》(曲 70)[①]即为一例，其音阶如下：

① 杨匡民. 中国民间歌曲集成·湖北卷[M]. 北京：人民音乐出版社，1988.

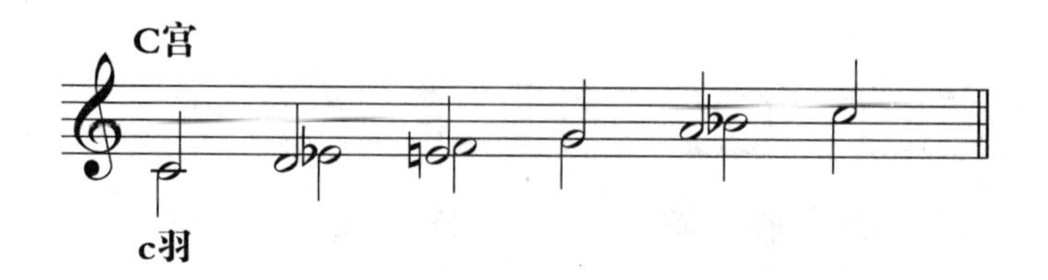

《推船调》中除“移宫换羽”外，还运用了“引角刻商”的方法。

曲 70

推船调

（山歌平腔）

姐 儿 过 不 得 河 （也）。
拜 上 （的） 船 大 哥 （乃），
拜 上 （的） 船 大 哥 （也），
推 船 （的） 来 接 我（乃）。
河 那 边 （哪） 有 一 个
杨 （哪） 二 （的 个） 姐 （乃），
过 （啊） 不 得 （的） 河 来 （也）

推 船 来 接 我 （乃）。
你 把 （的 个） 花 （呀） 船
来 （呀） 来 接 我 （呀），
不（啊） 少 你 的 船 钱 （乃） （火 火 火 也），
我 把 （的 乃） 花 （呀） 船
来 （呀） 来 接 （的） 你 （呀），
不（哪） 要 你 的 船 钱 （乃 火 火 火 也）。

姐 儿 坐 在 船 头 上（哪），
花 儿 绣 在 鞋 尖 上，
小 心 些 儿（火也 呃）
世 上 的 船 儿（的）多（呃），
巧 木（呃） 匠（呃）
打（啊） 个（的 个）船 儿（呃）
在 中（呃） 央（呃），

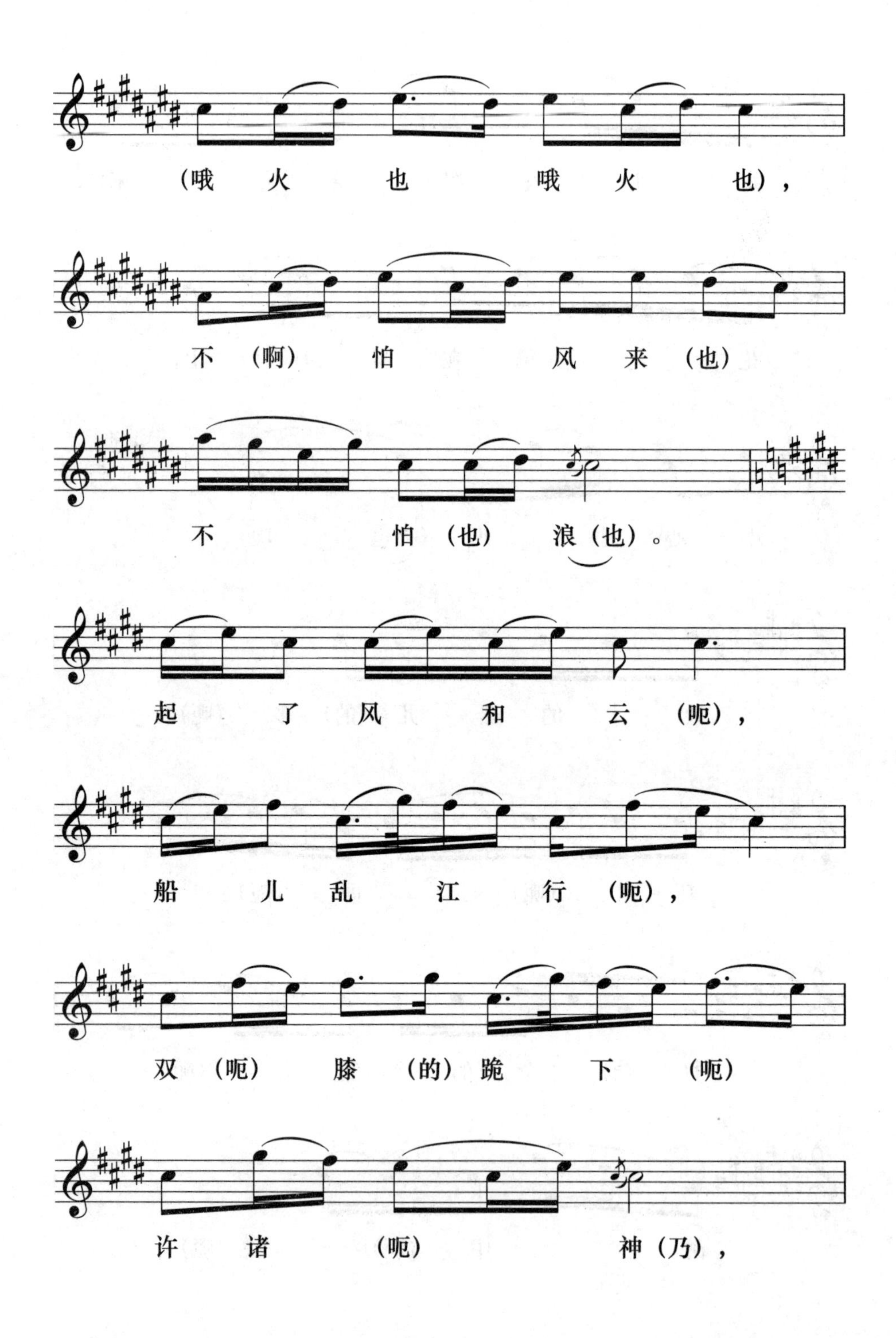
（哦 火 也 哦 火 也），
不 （啊） 怕 风 来 （也）
不 怕 （也） 浪（也）。
起 了 风 和 云 （呃），
船 儿 乱 江 行 （呃），
双 （呃） 膝 （的） 跪 下 （呃）
许 诸 （呃） 神（乃），

(黄良景 唱 陈 洪 刘勋一 周晓春 记)

如果将“移宫换羽”施以变换,而作“移羽换宫”,那就是同主音羽转宫的转调方法。同主音宫转羽、羽转宫属三级关系调,在荆楚民歌中也不少。下面是“移羽换宫”的音阶:

除上述诸种转调方法外,在今天荆楚民间那些曲体长大的歌种——如号子、田歌(特别是薅草锣鼓)、风俗歌(尤其是丧事歌)中,存在着宫音相距小三度三级关系的转调。《请出一对歌师来》(曲 61 详见第六章)即为宫音相距上、下小三度的远关系转调,其中还杂有“引角刻商”宫音向上方作大二度转移的现象。

荆楚民间有如此丰富的转换乐调方法,先秦的宋玉从中取“引商刻羽”来借喻曲高和寡,对楚王来说当然是通俗易懂的。

第三节 以管定音

1986 年,江陵雨台山 21 号战国楚墓出土了一批竹律管残件,拼复整理出 4 支有音律名称等音乐理论方面文字的残竹律管。① 它是迄

① 湖北省博物馆. 湖北江陵雨台山 21 号战国楚墓[J]. 文物,1988(5).

今所知我国最早的标准化定音工具。它的出土，说明荆楚故人至迟在战国中期即有以管定音的实践准则，进而展示出荆楚歌乐舞艺术实践的规范性水准。

已知的 4 支律管均以无节竹筒制成，上端管口呈圆形，从管口开始刮去表皮，并将管的一侧削成一条或两条自上而下的条状平面，然后在平面上竖书有墨书文字。其中标本 M21：17—1 的墨书内容为“定(?)新钟之宫为浊穆”，“坪皇角为定(?)文王商”；标本 M21：17—2 的文字为“姑洗之宫为浊文王 羿为浊”……(残而未全)；标本 M21：17—3 残剩的文字是“……之宫为浊兽钟羿”；标本 M21：17—4 残存的五字为“……□为浊穆钟”。这些墨书文字除首先标明某一管的发音应为某一律之宫外，还将旋宫之后此音于其他调上的对应阶名作了记载。证明它无疑为“以管定音”之器。

“昔黄帝命伶伦作为律。伶伦自大夏之西，乃之昆仑之阴，取竹之嶰谷，以生空窍厚薄钧者，断两节间，其长三寸九分而吹之，以为黄钟之宫，曰‘含少’；次制十二筒，以之昆仑之下，听凤凰之鸣，以别十二律。其雄鸣为六，雌鸣亦六，以比黄钟之宫，适合。黄钟之宫皆可以生之，故曰黄钟之宫，律之本也。”上引《吕氏春秋·仲夏纪·古乐篇》是记载“律之本”的最早文献之一，从中可知伶伦之律以竹为之。雨台山律管无竹节用以定音，与上述记载很相合，但这能不能说明当时的楚人以管生律呢？下这一结论目前的资料尚嫌不足，但至少能肯定以管定音已成为先秦荆楚音乐实践的基本方法。与之同时，据有关学者研究证明，荆楚故地的伶人乐工，的确掌握着生律的理论与方法。

“王将铸无射，问律于伶州鸠。对曰：‘律所以立均出度也。古之神瞽，考中声而量之以制，度律均钟……’”上引《国语·周语下》记载了铸钟之时以度律的器物——均钟，本书第八章第五节曾指出尚属辨物阶段的五弦琴亦有可能即此物，① 它出土于随州擂鼓墩 1 号墓，疑乃先秦荆楚地区铸钟调音的律准。

---

① 黄翔鹏. 均钟考[J]. 黄钟，1989(1)、(2).

第四节　乐律体系

荆楚乐律体系，是以五度为框架、三度为枢纽的一种混合律制乐律体系。两千多年前它即已高度成熟，并有系统的铭文和墨书记录。然而岁月的流逝，却使它沉寂了数千年。

1978 年随州擂鼓墩 1 号墓钟、磬铭文 4460 余字重见天日，① 1986 年江陵雨台山 21 号楚墓竹律管上的 40 余个墨书文字重返人间。② 它们不仅展示了先秦荆楚乐律体系高度完善的理论成果，同时也以其相互间的联系，从音乐理论的角度，反映出荆楚歌乐舞艺术的地域性文化特点。

江陵楚墓出土竹律管上的文字，包括宫、商、角、羽四个音名和定新钟、浊穆钟、坪皇、定文王、姑洗、浊文王、浊兽钟等七个律名，以及本律(调)之宫同其他一些律(调)的对应音(阶)名关系等“乐理”术语。除定文王、定新钟这两个律名在文王、新钟之前缀有“定”字而略有差异之外，其他方面的记载，包括陈述方式，与见于随州擂鼓墩 1 号墓曾侯乙钟磬铭文上的有关内容完全一致。

被称作中国古代乐律大全的曾侯乙编钟铭文 3755 字，分别铸于钟体、钟架和挂钟构件上；磬铭则分墨书和刻书两种，共 708 字。仅从乐学角度而言，它们“好比是曾国宫廷中为乐工们演奏各诸侯国之乐而准备的有关‘乐理’知识的一份‘备忘录’。其中涉及的音阶、调式、律名、阶名、变化音名、旋宫法，固体名标音体系、音域术语等方面，相当全面地反映了先秦乐学的高度发展水平”③。

概观楚墓出土律管和曾侯乙墓出土钟磬上的乐律学文字材料，它们至少集中反映了如下史实：

---

① 湖北省博物馆. 曾侯乙墓[M]. 北京：文物出版社，1989.

② 湖北省博物馆. 江陵雨台山 21 号战国楚墓[J]. 文物，1988(5).

③ 黄翔鹏. 曾侯乙钟磬铭文乐学体系初探[J]. 音乐研究，1981(1).

首先，荆楚音乐在其规范的实践基础上，先秦时期即已形成相应系统的理论总结。它标志着荆楚歌乐舞艺术的完善和成熟。

其次，荆楚音乐理论是不同民族、不同地区(诸侯国)音乐理论交流、影响、发展的历史结晶。

“颟曾”生律法是荆楚音乐理论的重要组成部分。它生产的十二律，除五度框架中的四个音(C、D、G、A)之外，其他八个音的音律含义均与以十二平均律为依据的现代乐理有很大的不同。比如，♯C 不是 C 音的高半音或 D 的低半音，而是羽音(A)上方的三度律位(羽颟)；E 不是基本阶名，而是宫音(C)的上方大三度颟律等。“颟曾体系”生律法的优点，就是能在表演实践中，运用“颟曾循环”的等音变换原理(如下)，巧妙地解决三分损益律所得八度音的“律差”而无法旋相为宫的实践问题。显然，荆楚“颟曾体系”生律法的基础是艺术实践。事实上这种兼采五度相生律与纯律这两种生律法的复合律制，不仅十分适合先秦钟、磬、琴、瑟等古乐器的定律，而且与当今荆楚地区传统民歌的律学思维逻辑、律制特点相类似，① 具有其独特律学理论总结的丰厚艺术实践基础。

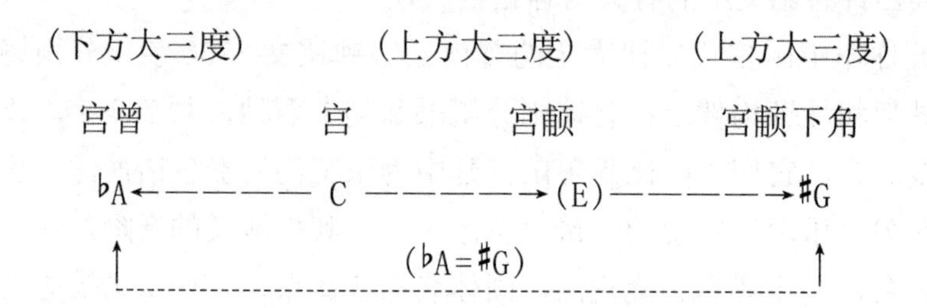

荆楚音乐十二律律名完整。作为在荆楚地区形成的律名，目前主要分为楚国律名和曾国律名。前者已知 13 个，分别为 12 个律命名(其中一律有异名)；后者已见 11 个，分别为 7 个律命名。此外，荆楚乐人亦

① 童忠良. 荆楚民歌三度重叠与纯律因素——兼论湖北民间音乐与曾侯乙编钟乐律的比较[J]. 黄钟，1988(4).

深谙周、晋、齐、申等地区(诸侯国)的有关律名及其与荆楚律名的对应关系，并在特定情况下综合运用，进而构成了以楚曾律名为特色的荆楚律名体系。

已知楚国律名13个，其中曾侯乙钟铭中的律名吕钟与楚墓出土律管上的姑洗律名系同一律的两个不同的名称。楚国六律(阳律)的律名分别为新钟、兽钟、穆钟、吕钟(姑洗)、坪皇和文王，其中，除姑洗一律名与文献记载的西周律名相同以外，其他六个律名——或说楚国的六个阳律名均为其独有，但它们的律序与宗周一致。楚国十二律的六吕(阴律、六间)的名称更是独有特色，它以阳律律名之前缀以“浊”字的方式，表示低于该阳律一律的那个阴律(吕)。

曾国律名已知11个，其中姑洗、妥宾(即蕤宾)、无铎(即无射)、黄钟、鄘钟(即应钟)、大簇(即太簇)等六个律名与中原西周名相同。另一个律名“浊姑洗”的产生则无疑仿效于楚国，是西周律名姑洗与楚国阴律表示法相互借鉴发展的产物。现将已知的楚国、曾国的律名，有关地区(诸侯国)的律名，与文献记载的西周律名，列表比较如下。齐、晋、申、周、等地区(诸侯国)律名及其对应关系见于曾侯乙墓钟磬铭文中。

表10-2 楚国、曾国与齐、晋、申、周诸国律名对照表①

文献记载西周律名	荆楚地区出土资料所见律名					
	楚	曾	周	晋	齐	申
夹钟	浊姑洗	浊姑洗				
太簇	穆钟	大簇、穆音	刺音	槃音		
大吕	浊穆钟					
黄钟	兽钟	黄钟、鄘钟(音)	鄘音			

① 一律多名时均填入对应的律位中。

（续表）

文献记载西周律名	荆楚地区出土资料所见律名					
	楚	曾	周	晋	齐	申
应钟	浊兽钟					
无射	(定)新钟	无铎、嬴孠			吕音	
南吕	浊新钟					
夷则	(定)文王	韦音				
林钟	浊文王					
蕤宾	坪皇	妥宾				迟则
仲吕	浊坪皇					
姑洗	姑洗、吕钟[①]	姑洗、宣钟	六墉			

十二音名体系完善，形态独特，并存于荆楚歌乐舞艺术实践中的五声音阶与七声音阶理论趋于成熟。

荆楚十二音名体系包括基本音名与变化音名两部分。基本音名由“四基”“四角”（亦称“四颟”）“四曾”构成。“四基”，即传统徵、羽、官、商、角五音中除角以外的其他四音。不过在荆楚音名系列中，“徵”写作“客”，“羽”记为“孠”。“角”或“颟”表示“四基”上方的大三度音，它与“四基”相缀，构成徵角(或徵颟)、羽角(或羽颟)、宫角(或宫颟)、商角(或商颟)等四个音名；“曾”用以表示“四基”下方大三度的音，它缀于“四基”之后，构成徵曾、羽曾、宫曾与商曾等四个音名。

除了这种与“颟曾生律法”相一致的以五度关系为主体、三度关系为枢纽的基本音名系列之外，在荆楚音乐理论中，同一音位往往还有多种异名。其中，八度音变化又有专门的名称和基本音名缀词等两种表示法。如：宫、角、徵、羽的高八度，可分别记作终、鼓、巽、鴃。宫、商、角、徵、羽各音名还可缀以“少”或“反”表示高八度，前缀“濬”则表示低八度。

荆楚音名体系的基本构成与变化情况详表10-3。①

图 10-3 荆楚阶名、变化音名与现代首调唱名对照表

首调唱名	基本阶名 变化音名	异名
1(do)	宫	巽、索（素）宫、濬宫 大宫 少宫 巽反 宫反 宫居
#1(升 do)或 b2（降 re）	羽角	羽颟 变商
2(re)	商	素商 濬商 大商 少商 少商之反
#2(升 re)或 b3（降 mi）	徵曾	徵颟下角
3(mi)	角	归 濬归 珈归 大归 宫角 大宫角 少宫角 下角下角之反 觥鴃中镈素、宫之颟
#3(升 mi) 或 4（fa）	羽曾	龢（和）羽颟下角
#4(升 fa)或 b5（降 sol）	商角	商颟 素商之颟 大商角 变徵

① 湖北省博物馆. 曾侯乙墓[M]. 北京：文物出版社，1989.

（续表）

首调唱名	基本阶名 变化音名	异名
5(sol)	徵	终 终反 渻徵 珈徵 大徵 少徵 徵反 郰镈
♭6（降 la）	宫曾	变羽
6(la)	羽	壴 壴反 渻羽 大羽 少羽 羽反 少羽之反
♭7（降 si）	商曾	
7(si)或 ♭1（降 do）	徵角	徵颟 少徵颟 变宫

荆楚五度生律法属《管子·地员篇》生律法系列，即其五声音阶的序列为徵、羽、宫、商、角。通过表3中荆楚音名的构成，可以发现“变宫”“变徵”，尤其是专门用以表示新音阶第四级音的“龢”字等已经存在。这反映出荆楚音乐七声音阶——特别是七声新音阶结构的理论化与规范化特点，它也正同于第八章介绍的楚地编钟等荆楚古乐器音列、音阶的结构特点和发展规律，鲜明地体现出荆楚音乐理论的艺术实践基础。

宫角，宫曾。

文王之宫，坪皇之商，姑洗之角，新钟之商曾，浊兽钟之羽。

文王之下角，新钟之商，姑洗之宫曾。浊坪皇之终。

兽钟之宫，新钟之商，浊姑洗之羽。

这是曾侯乙编钟中层第一组第10号钟钟体上的乐律学铭文，若一定要以十二平均律为基础的现代乐理进行翻译，则其含义只能大致如下(设黄钟为C)：

（正鼓音）E（侧鼓音）♭A。

此E音即E调之“1”，D调之“2”，C调之“3”，“F”调之“♭7”，此E音即G调之“6”。

此♭A音即E调之“3”，♭G调之“2”，♭C调之“6”，♭D调之“5”。

此♭A音即♭A调之“1”，♭G调之“2”，♭C调之“6”。

通观曾侯乙钟磬和楚墓律管上的旋宫转调术语，可知荆楚音乐实践采用的是“之调式”——右旋旋宫法。这和《周礼》记载的中原西周“为调式”——左旋旋宫法不同，是一种重视宫均、重视音乐实践而不重视所谓礼仪制度规范的音乐理论总结。它和标音方法上的音名体系一道，共同构成了荆楚歌乐舞艺术实践中颇具特色的宫调理论系统。

可以这样说，已知资料表明，荆楚乐律体系不仅在当时的中国，而且在当时的世界上处于同学科的绝对领先地位，即使在二十世纪的今天，也仍为世人所瞩目。不过，这也同时给今天的学界同仁及广大读者提出了一系列值得深究的问题。比如，既然有如此品质精良的乐器和体系完善的音乐理论，为什么迄今却未见可以认定的古代乐谱？

荆楚歌乐舞艺术踏着传统走来，数千年的迷雾与尘埃正在散开。可以相信，随着楚学研究的深入，荆楚歌乐舞艺术一定会再放异彩，开创一个崭新的时代。

后　记

从斫木为琴的炎帝神农，到演绎千古佳话的伯牙子期；从制作陶铃陶响器的屈家岭故人，到作持煌煌65件青铜编钟的曾国国君曾侯乙；从屈赋楚辞中的细腰长袖宴乐歌舞，到吴歈蔡讴和唱郢都的下里巴人；从漆木青铜器表铭记的乐律理论和楚简中的音乐文献，到墓葬出土的律管实物与文献记录的引商刻羽、杂以流徵旋宫转调实践；从送和婉转的荆楚西声，到跳丧摆手三声为腔的荆楚遗风……论及楚文化，一定绕不开楚乐舞！谈起楚乐舞，人们一定会津津乐道于荆楚艺术的浪漫气质与人文情怀，一定会感叹于近当代楚文化考古研究工作中不断获得的惊人发现，一定会沉浸在楚风浓郁、楚情依旧的荆楚地区非物质文化遗产传承、创新与乐舞艺术实践活动中。

楚音乐文化是我们多年来一直耕耘的研究领域。20世纪80年代，楚史学家张正明先生将乐舞艺术作为六大支柱之一，构建博大精深的楚文化体系，筹划编撰、集结出版《楚学文库》，并力助我们彰显荆楚歌乐舞艺术的非物质文化特点，用文献、文物及非物质文化遗产"活化石"相互关照的方法，探索开展荆楚歌乐舞艺术研究。将成果《荆楚歌乐舞》纳入《楚学文库》，首次奉献给读者，求教于同仁。

欣闻拙著《荆楚歌乐舞》忝列《荆楚文库》。再版付梓之时重读旧作，又一次感慨中华文化、荆楚乐舞的丰富多彩、精深博大，却又深陷于自己心有余而力不足，未能描摹全景、抒尽情怀的惶恐与不安之中！我们曾试图另起炉灶、结合新的考古发现与研究成果、用新的理念与方法改写甚至重写相关内容！但是，几经周折、审视再三，最终的结果，还是让我们放弃了"新念"，除了加入荆楚地区部分新出土的重大音乐考古资料之外，总体上保持了旧著原有的体例和内容。

正如本书第一章绪论所言，荆楚歌乐舞是中国南方长江流域数千年传统文化的艺术表现形式。她既是该地区不同历史时期文化艺术传统的纵向积淀，同时也是同一时期不同区域文化艺术在这一地区交汇、混融的历史结晶。因此，《荆楚歌乐舞》中的荆楚一词，包含着由古而今的时间、地域概念。我们的研究，也希望将文献、文物与“活化石”——荆楚民间民俗材料互相比较、辨析贯通，以综合探讨、介绍荆楚歌乐舞的艺术概貌与文化特征。

《荆楚歌乐舞》撰写工作之始，即受到湖北教育出版社和武汉音乐学院领导的关心与支持。本书的编撰除署名作者之外，武汉音乐学院的周耘撰写了第七章文稿，南京艺术学院的易人、恩施龙风中学的蔡元享等提供了资料性专文，湖北省博物馆潘炳元提供了珍贵的音乐文物照片。书稿撰毕后，张正明先生对全书予以了详细的审阅、加工，提出了许多宝贵的修改意见。其后，湖北教育出版社的编辑又对书稿进行了全面的审改。

“固时俗之流从兮，又孰能无变化……及余饰之方壮兮，周流观乎上下。”（屈原《离骚》）以楚狂屈子之情游目八方、流观上下，从文物、文献和非物质文化遗产“活化石”三个角度，将荆楚地区数千年的歌乐舞艺术呈现给读者，是我们 20 多年前的期待，也仍然是我们今天的追求！

衷心感谢参与《荆楚歌乐舞》资料整理、文稿撰写以及审阅、编辑等工作的各位专家、学者与工作人员。愿《荆楚歌乐舞》在新的世纪继续成为您认识、了解楚文化、楚艺术的窗口！

杨匡民 李幼平

2016 年中秋